ASVITHA MURUGESAN
KANDIBANE MUTHUSAMY

DIVERSIDADE DE POLINIZADORES NOS ECOSSISTEMAS AGRÍCOLAS E HORTÍCOLAS

ASVITHA MURUGESAN
KANDIBANE MUTHUSAMY

DIVERSIDADE DE POLINIZADORES NOS ECOSSISTEMAS AGRÍCOLAS E HORTÍCOLAS

ScienciaScripts

Imprint

Any brand names and product names mentioned in this book are subject to trademark, brand or patent protection and are trademarks or registered trademarks of their respective holders. The use of brand names, product names, common names, trade names, product descriptions etc. even without a particular marking in this work is in no way to be construed to mean that such names may be regarded as unrestricted in respect of trademark and brand protection legislation and could thus be used by anyone.

Cover image: www.ingimage.com

This book is a translation from the original published under ISBN 978-620-7-80496-2.

Publisher:
Sciencia Scripts
is a trademark of
Dodo Books Indian Ocean Ltd. and OmniScriptum S.R.L publishing group

120 High Road, East Finchley, London, N2 9ED, United Kingdom
Str. Armeneasca 28/1, office 1, Chisinau MD-2012, Republic of Moldova, Europe
Printed at: see last page
ISBN: 978-620-7-80407-8

<u>RESUMO</u>

Os insectos são o grupo de animais mais dominante e importante da Terra e afectam a vida humana direta ou indiretamente. São benéficos (polinizadores, biocontroladores, como alimento, na sericultura, na apicultura e na lacticultura) e prejudiciais (pragas de culturas, madeira, grãos armazenados). Muitas plantas dependem dos insectos para a polinização. As plantas e os seus polinizadores formam uma relação mutualista, uma relação em que cada um beneficia do outro. A polinização por insectos é um processo importante do ecossistema para aumentar o rendimento das culturas agrícolas e hortícolas, bem como para melhorar a gestão do ecossistema. Os insectos polinizadores mais diversos são as espécies de Hymenoptera, Diptera, Coleoptera e Lepidoptera. O inseto polinizador dominante é a abelha melífera. A fim de aumentar a produtividade, é necessário utilizar insectos como polinizadores e utilizar atractivos como um contributo adicional para aumentar o rendimento (Choi e Jung, 2015).

A polinização significa a transferência de pólen viável da antera madura para o estigma recetivo. As flores dependem totalmente do vetor para mover o pólen. Estes vectores podem ser o vento, a água, os insectos e outros animais que visitam as flores (Halder *et al.*, 2019). De facto, do total das actividades de polinização, mais de 80% são realizadas por insectos e abelhas, que contribuem com quase 80% do total da polinização por insectos no ecossistema agrícola e hortícola e, portanto, são considerados os melhores polinizadores. Os insectos das ordens Hymenoptera, Lepidoptera, Diptera e Coleoptera gostam de várias formas e cores de flores para facilitar uma polinização bem sucedida, com base na morfologia das suas peças bucais e na atividade fotoperiódica. O tipo, a forma, a cor, o odor, o néctar e a estrutura das flores são muito importantes para os tipos de polinizadores que as visitam. Estas características são consideradas como traços de síndromes de polinização e podem ser utilizadas para prever o tipo de polinizadores que ajudam a flor a polinizar com êxito (Inouye, 2007).

CONTEÚDO

1. INTRODUÇÃO

A co-evolução das plantas com flores e dos seus polinizadores começou há cerca de 225 milhões de anos (Price, 1975). Esculturas em pedra e tijolos do palácio dos reis da Assíria, já em 800 a.C., mostram a importância do pólen e da polinização dos frutos, que aumenta a qualidade e o rendimento das sementes e dos frutos. A falta de um número suficiente de polinizadores adequados provoca o declínio da produção de frutos e sementes (Partap, 2001). Do total das actividades de polinização, mais de 80% são realizadas por insectos e as abelhas contribuem com quase 80% do total da polinização por insectos, pelo que são consideradas os melhores polinizadores (Robinson e Morse, 1989). Sem os insectos, as nossas vidas seriam muito diferentes. Os insectos polinizam muitos dos nossos frutos, flores e legumes. Sem os serviços de polinização dos insectos, não teríamos muitos dos produtos de que gostamos e de que dependemos, para não falar do mel, da cera de abelha, da seda e de outros produtos úteis que os insectos fornecem.

Muitos insectos são predadores ou parasitas, quer de plantas, quer de outros insectos ou animais, incluindo o homem. Estes insectos são importantes na natureza para ajudar a manter as populações de pragas (insectos ou ervas daninhas) a um nível tolerável. Chamamos a isto o equilíbrio da natureza. Os insectos predadores e parasitas são muito valiosos quando atacam outros animais ou plantas que consideramos serem pragas.

Os insectos são muito importantes como decompositores primários ou secundários. Sem os insectos, que ajudam a decompor e a eliminar os resíduos, os animais e plantas mortos acumular-se-iam no nosso ambiente, o que seria uma verdadeira confusão. Os insectos tornam o nosso mundo muito mais interessante. Os naturalistas sentem uma grande satisfação ao ver as formigas a trabalhar, as abelhas a polinizar ou as libélulas a patrulhar. Consegue imaginar como a vida se tornaria monótona sem borboletas ou escaravelhos luminosos para acrescentar interesse a uma paisagem. As pessoas beneficiam de muitas maneiras ao partilharem o seu mundo com os insectos

2. POLINIZAÇÃO

A polinização é o processo de transferência do pólen da antera para o estigma da planta. As plantas reproduzem-se de forma assexuada ou sexuada. Para a reprodução sexuada, é necessária a polinização e a polinização é a transferência do pólen da antera para o estigma da planta com flor. Existem dois tipos principais de polinização: a autopolinização e a polinização cruzada (Figura 1). Na autopolinização, há transferência de pólen da antera para o estigma da mesma planta ou de outra planta com composição genética semelhante. A polinização cruzada é sempre provocada pelos mesmos agentes externos. Esses agentes são os insectos, o vento, a água e a gravidade. As culturas polinizadas por insectos são conhecidas como entomófilas e as abelhas são dominantes no ecossistema entomófilo (Rahman, 2017).

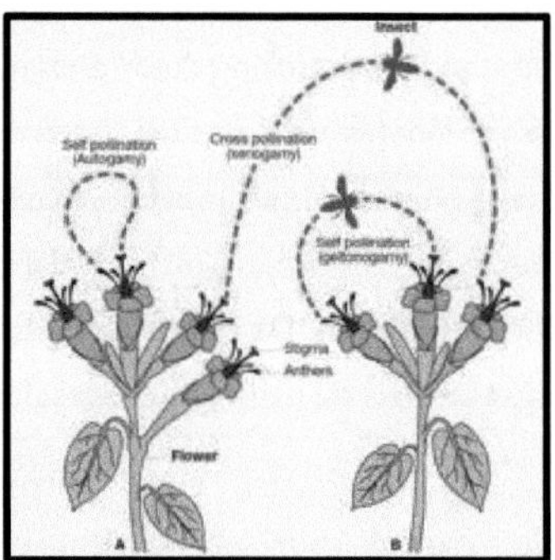

Fig. 1 Tipos de plantas com base na sua polinização

2.1. O papel da polinização na reprodução

A polinização é o primeiro passo na reprodução sexual das plantas com sementes. A maioria das angiospérmicas tem flores perfeitas, mas algumas produzem flores imperfeitas. Uma flor perfeita contém órgãos reprodutores masculinos e femininos (Figura 2). Uma flor imperfeita tem apenas órgãos reprodutores masculinos ou apenas femininos (Figura 3).

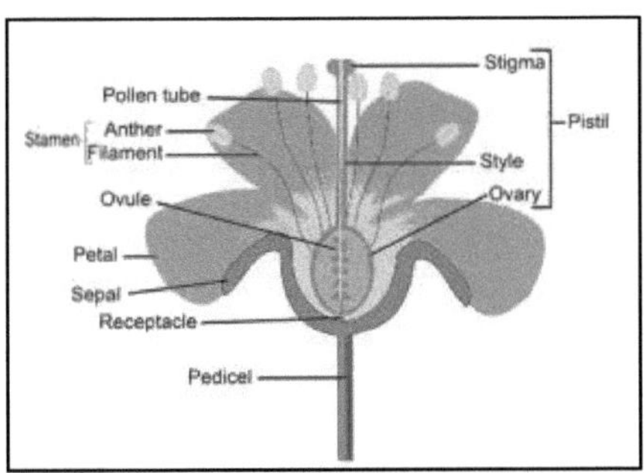

**Fig.2 Uma flor perfeita contendo
órgãos masculinos e femininos**

Para descrever uma planta como um todo, os botânicos usam os termos monoico e dioico (Figura 3). Uma planta monóica tem órgãos reprodutores masculinos e femininos na mesma planta. As plantas monóicas podem ter flores perfeitas ou imperfeitas. Exemplos de espécies monóicas no Missouri são a ameixa selvagem (*Prunus americana*), com flores perfeitas, e as abóboras, com flores imperfeitas. As plantas dióicas têm flores masculinas e femininas em plantas separadas. O caqui nativo (*Diospyros virginiana*) é uma planta dióica comum no Missouri. Como as plantas dióicas têm flores masculinas e femininas em plantas separadas, duas plantas de sexos diferentes precisam de estar próximas uma da outra para que ocorra a produção de frutos (Galen *et al.*, 2018).

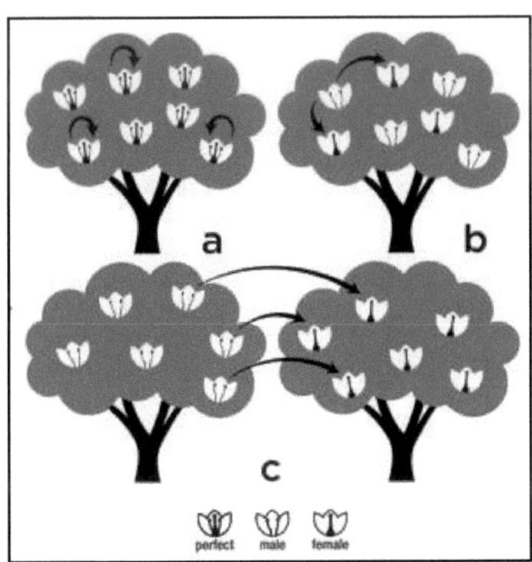

**Fig. 3 As plantas monóicas têm flores (a) perfeitas ou (b) imperfeitas
flores. As plantas dióicas têm (c) flores masculinas e femininas em
fábrica separada.**

5

3. ATRACTIVOS VEGETAIS

A interação mutualista planta-polinizador é de importância central, uma vez que resulta na produção de sementes e frutos e, por conseguinte, contribui de forma fundamental para a biodiversidade, a manutenção dos ecossistemas e é essencial para os serviços económicos. A polinização é um processo de coexistência entre plantas com flores e polinizadores que envolve a exibição de atractivos primários, como néctar, pólen ou outros tipos de recompensas florais, essenciais para a sua sobrevivência, e também atractivos secundários das flores para permitir o reconhecimento e a discriminação pelo polinizador. As plantas desenvolveram estruturas específicas para interagir com os polinizadores, que são as flores. As flores enviam sinais a um tipo particular de polinizadores que são facilitados por características florais ou traços conhecidos como **"síndroma de polinização"**. As características das flores, como a forma, o tamanho, a cor, a produção de odores, os campos eléctricos e o movimento, foram medidas e reconhecidas como desempenhando um papel no reconhecimento e na atração dos polinizadores pelas flores. Os polinizadores, especialmente as abelhas e outros insectos, são impressionantemente influenciados pela forma, contorno, comprimento das flores, odor, cor, pólen, néctar e outras recompensas florais das flores. A biodiversidade das angiospérmicas baseia-se em grande medida numa variedade de características que servem para atrair polinizadores, ao mesmo tempo que repelem os herbívoros e excluem os ladrões de néctar e pólen (Zariman *et al.*, 2022).

3.1. Atração visual

As plantas atraem polinizadores com base na forma, tamanho, cor e guias de néctar das suas flores. Uma das maneiras mais fáceis de ter uma noção dos tipos de polinizadores que visitam uma flor é observar a forma e o tamanho da flor. A erva-escarlate (*Monarda didyma*) tem flores tubulares, e as columbinas (*Aquilegia* spp.) têm flores espiraladas. Ambas as formas são adequadas para a polinização por beija-flores ou borboletas com uma probóscide longa, que lhes permite alcançar o néctar na base do tubo da corola ou do esporão. As flores rasas com pétalas grandes e abertas servem de plataforma de aterragem para abelhas (*Bombus* spp.), escaravelhos (ordem Coleoptera) e borboletas (ordem Lepidoptera), enquanto as flores com plataformas de aterragem mais pequenas e aberturas mais pequenas podem ser visitadas por abelhas mais pequenas, como as abelhas melíferas. As flores também podem ser especializadas. Por exemplo, as flores tubulares longas podem impedir que os insectos de corpo pequeno ou de língua curta recolham o néctar e, assim, especializam-se em polinizadores maiores, como os beija-flores, as traças e as borboletas que têm uma probóscide longa. A especialização pode ser um problema; se não houver polinizadores adequados na zona, a planta não conseguirá produzir sementes e frutos. Os generalistas são mais flexíveis. Os girassóis (*Helianthus annuus*), como muitas das flores da sua família (Asteraceae), são visitados por uma variedade de insectos polinizadores. As abelhas polinizam muitas plantas frutíferas e hortícolas comuns e vários tipos de flores silvestres. Os polinizadores mostram preferências por formas que se enquadram nas suas adaptações de forrageamento, como o tamanho do corpo e o comprimento da língua (Quadro 1).

3.1.1. Formas das flores

As flores têm várias formas e tamanhos (Figura 4). Estas diferenças estão frequentemente relacionadas com o seu modo de polinização. As flores das plantas polinizadas pelo vento têm normalmente pétalas muito pequenas ou não têm pétalas, o que facilita o contacto do pólen transportado pelo ar com o estigma. As flores de plantas polinizadas por animais têm geralmente pétalas maiores e vistosas de diferentes formas e tamanhos para atrair polinizadores.

A forma da flor pode fornecer uma pista sobre os animais que podem servir de polinizadores para uma planta. Por exemplo, as flores labiadas ou labiadas fornecem geralmente uma plataforma onde as abelhas podem pousar antes de entrarem na flor, enquanto as flores tubulares longas são frequentadas por beija-flores, que pairam enquanto sondam as flores profundas com os seus longos bicos. Algumas formas comuns de flores são: Campanulada (flor em forma de sino), Cruciforme (flor em forma de cruz com quatro pétalas), Cupuli (flor em forma de taça sem as pontas das pétalas abertas), Calceolada, Calcarada, Cariofila, Funil (flor em forma de funil que se alarga da base até à ponta), Hipocrata, Ligulada, Labiada (flor com pétalas em forma de lábio), Liliaceous, Personate, Reflexed (Flor com pétalas curvadas para trás), Rosaceous, Galeate, Salver form (Flor tubular que se espalha na ponta), Spurred (Flor com pétalas formadas em esporão que geralmente contêm néctar), Stellate (Flor em forma de estrela, geralmente com cinco pétalas), Tubular (Flor cilíndrica ou em forma de tubo) e Urcedate (Galen *et al.*, 2018).

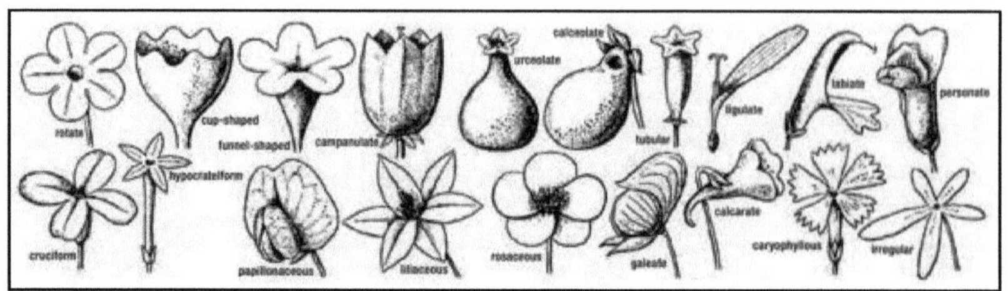

Fig. 4 FORMAS DE FLORES

Flores abertas, em forma de taça

As flores abertas, em forma de taça (Fig. 5), têm geralmente um anel de pólen abundante no meio da flor. Alguns exemplos são as papoilas, as rosas-das-rochas (*Helianthemum*), a Potentilla, os ranúnculos (*Ranunculus* sp.) e as rosas silvestres e arbustivas.

Fig. 5 Flor em forma de taça

São flores de "acesso livre" utilizadas por todos os tipos de insectos. São especialmente utilizadas pelas abelhas melíferas, pelos zangões e por certas abelhas solitárias para recolher o pólen no seu corpo, percorrendo o interior da flor em círculo. Por vezes, os abelhões também fazem vibrar as suas asas nestas flores para deslocar o pólen, mas isto não é o mesmo que "polinização por zumbido". Algumas flores deste tipo não oferecem néctar, pelo que não são visitadas por borboletas ou traças. As ilustrações à esquerda mostram uma pequena abelha mineira (*Andrena*) a recolher o pólen de um ranúnculo e, em baixo, uma operária de um abelhão de cauda branca ou castanha a recolher o pólen de uma papoila do País de Gales. Note-se o "cesto de pólen" cheio na sua perna (Carlton, 2015).

Flores com lábios

As flores labiadas pertencem tipicamente à família das Salvas (Lamiaceae) ou à família das Ervilhas (Fabaceae) (Fig. 6).

Fig. 6 Flores em forma de lábio

Trata-se de flores especializadas que, em muitos casos, têm uma relação estreita com os abelhões ou as abelhas solitárias. A abelha empurra a cabeça para dentro da flor para obter o néctar que é segregado na parte de trás da flor. Ao mesmo tempo, a planta coloca o pólen na parte de trás do tórax da abelha (região do pescoço). É muito difícil para a abelha retirar o pólen deste local e, desta forma, a abelha transporta o pólen de flor em flor e assegura a polinização.

As flores com lábios, como as da família das ervilhas (Fabaceae) e as da família das sálvias (Lamiaceae), seguem este padrão de especialização. Estas flores labiadas têm geralmente uma "plataforma de aterragem" onde um zangão ou uma abelha *Anthophora* pode pousar antes de entrar na flor, como na flor *Lamium orvala*. Os membros da família das ervilhas produzem um pólen muito nutritivo que é vital para o crescimento de algumas espécies de abelhões; as flores silvestres do trevo-dos-pés-de-pássaro e do trevo-vermelho são as principais fontes e pensa-se que a perda destas duas plantas das pastagens e prados contribuiu para o declínio de várias espécies de abelhões. As favas e os feijões-de-corda pertencem a esta família (Carlton, 2015).

Flores em cachos

As flores em cachos são encontradas na família Teasel (Dipsacaceae). Os tipos favoritos dos insectos incluem vários tipos de Scabiouses, especialmente a Scabiosa columbaria e a sua variedade creme muito inteligente *ochroleuca* (na foto à esquerda, com um Drone Fly), a *Knautia macedonica castanha* e a Scabiosa Devil's Bit. Estas atraem lepidópteros, bem como abelhas e moscas varejeiras. Todas elas podem ser naturalizadas na relva e crescerão num relvado, mas a Devil's Bit floresce mais tarde do que as outras duas e é melhor cultivada numa área separada.

Existem várias famílias de plantas com pequenas flores redondas, cada uma com um **pequeno centro tubular**. Estas são principalmente atractivas para os lepidópteros (traças e borboletas) que introduzem a sua língua longa e fina no centro da flor para beber o néctar. Exemplos típicos são os membros da família Cruciferae (família das flores de parede), como a *Aubrieta*, e da família Caryophyllaceae (família dos camiões), como o *Dianthus*. As moscas-das-abelhas, as pequenas abelhas e os pequenos escaravelhos também retiram por vezes o néctar destas flores (Carlton, 2015).

Tubo profundo

Fig. 7 Flores de tubo profundo

Algumas flores com tubos profundos, especialmente a Monkshood (Aconitum) e as espécies europeias de Aquilegia parecem ter co-evoluído especificamente com abelhões de língua longa, como o *Bombus hortorum*. As Monkshoods têm flores de garganta profunda com néctar na base do tubo. A ilustração mostra um abelhão de língua longa a visitar uma forma selvagem de Antirrhinum (*A. braun-blanquetii*) (Carlton, 2015).

Flores pequenas, planas e abertas

Fig. 8 Flores reflexas

A família das cenouras (Apiaceae) inclui flores pequenas, planas e abertas em cachos chamados umbelas. Em geral, estas apresentam o néctar de forma aberta e pouco profunda e atraem moscas varejeiras, pequenos escaravelhos e pequenas abelhas solitárias, em vez de abelhões ou lepidópteros. Entre estas, destacam-se para o jardim de polinizadores as Angelicas (*A. archangelica* e *A. sylvestris*). Os Sea Hollies (*Eryngium*) também pertencem a esta família, mas têm florzinhas ligeiramente maiores que também atraem abelhas de maior porte (Carlton, 2015).

Forma reflexa

Algumas flores têm pétalas que se dobram para trás (Fig. 8). As pétalas que estão completamente dobradas são chamadas reflexas, enquanto as parcialmente dobradas são chamadas recurvadas.

Fig. 9 Papilionóide (em forma de ervilha)

Flores que têm a forma de flores de ervilha (Fig. 9). Têm 5 pétalas. Uma na parte superior, chamada estandarte, duas laterais, chamadas asas, e duas fundidas por baixo, que formam a quilha. e.g. Família das ervilhas (Fabaceae).

As flores com esporão têm uma pétala modificada num esporão (Fig.10). O esporão contém geralmente néctar para atrair polinizadores.

Fig. 10 Forma espiralada

Inflorescência

As flores podem estar dispostas isoladamente ou em cachos ligados a um caule central. Quando as flores estão dispostas em cachos, ou grupos, num caule central, formam uma inflorescência. O caule principal de uma inflorescência é designado por pedúnculo. As inflorescências têm muitas formas e disposições (Figura 11). A cabeça da flor de um girassol (género *Helianthus*, família Asteraceae) é na realidade uma inflorescência e não uma única flor. Os girassóis são constituídos por centenas de pequenas flores chamadas floretes. Esta multiplicidade de floretes é muito eficaz para atrair polinizadores, produzindo centenas de sementes que servem de alimento a vários animais (Galen *et al.*, 2018).

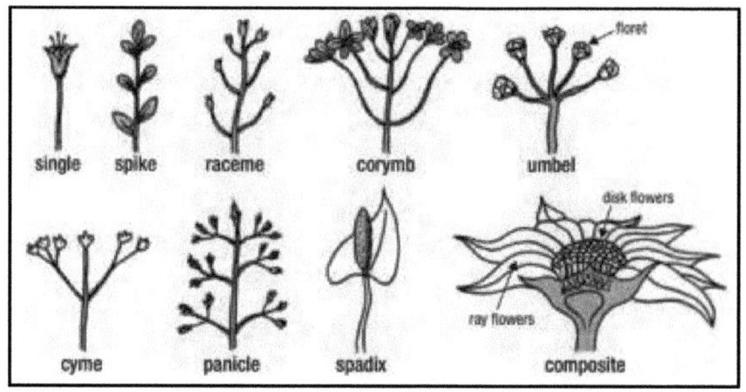

Fig. 11 Tipos de inflorescências

Quadro 1. Formas típicas das flores associadas a diferentes polinizadores

FORMA DA FLOR	POLINADORES						
	BEE	BORBOLETA	PÁSSARO-PRETO	MOTH	VOAR	BEETLE	ANT
Em forma de taça	X					X	X
Em forma de taça	X	X			X	X	X
Em forma de tubo		X	X	X			

Labiato	X						
Papilionóide	X						
Refletido		X					
Estimulado		X	X				

3.1.2. Cor da flor

A cor de uma flor é também uma pista para os tipos de polinizadores que atrai. Os polinizadores diurnos têm uma visão cromática bem desenvolvida, que, na maioria dos casos, cobre uma gama mais ampla do espetro do que a visão humana. A grande maioria dos polinizadores das regiões temperadas são insectos e foram desenvolvidos diferentes modelos visuais para diferentes grupos (Chittka, 1992; Troje, 1993). A abelha melífera ocidental, *Apis mellifera*, e a abelha *Bombus terestris*, que partilham um sistema tricromático semelhante. O sistema visual da abelha melífera, que é geralmente utilizado como modelo para todas as abelhas, varia entre 300 e 700 nm, com três tipos de fotorreceptores que atingem o pico na região UV, azul e verde do espetro (correspondendo a 344, 438 e 560 nm, respetivamente). A maior parte dos outros insectos tem também um sistema tricromático, mas há também espécies com sistemas dicromáticos (certas moscas e coleópteros) e tetracromáticos (sobretudo borboletas) (Briscoe e chittka, 2001). Os beija-flores são atraídos pelas flores vermelhas e amarelas. As borboletas são atraídas pelas flores vermelhas, amarelas, cor de laranja, cor-de-rosa e púrpura.

Os polinizadores noturnos, como os morcegos e as traças, visitam as flores de cor clara ou branca que permanecem abertas durante a noite e são mais fáceis de ver no escuro. Algumas moscas preferem flores vermelho-escuras, roxas ou manchadas porque se assemelham a carne em decomposição (Galen *et al.*, 2018).

Em geral, a visão dos insectos estende-se do ultravioleta a cerca de 300 nm (UV) ao amarelo-alaranjado a 650 nm. O seu espetro visual está deslocado cerca de 100 nm para a extremidade do comprimento de onda mais curto do espetro de cores, em comparação com os seres humanos. Dentro deste espetro, muitos insectos apresentam picos de sensibilidade no UV, azul-verde e amarelo. Alguns insectos, nomeadamente *Bombus* e *Apis*, têm visão cromática tricromática com as cores primárias acima referidas.

A visão tricromática foi demonstrada em *Dielephia elpenor* (Sphingidae). Algumas moscas parecem ser deuteranópicas (ou seja, daltónicas, análogas ao daltonismo vermelho-verde nos seres humanos). Confundem o azul com o amarelo, mas distinguem o UV. Alguns insectos que só têm visão a preto e branco, ou visão tonal, podem não distinguir nenhuma banda de onda. No entanto, a maioria dos insectos apresenta sensibilidades semelhantes às bandas de onda em todo o espetro. As sensibilidades relativas (maior para UV, menor para azul e menor para amarelo) correlacionam-se negativamente com o espetro solar ou de luz do dia, ou seja, onde há menos luz do dia (isto é, em UV) o olho do inseto compensa sendo mais sensível (Kevan e baker, 1983).

O ultravioleta é claramente uma banda de onda importante, uma cor primária para polinizadores altamente evoluídos como as abelhas e mesmo para as moscas deuteranópicas. É também altamente estimulante para os insectos totalmente daltónicos, mas é invisível para os seres humanos. Algumas flores reflectem fortemente os raios UV e outras bandas de ondas, outras fracamente e outras ainda não reflectem nada. Estes padrões de reflexão podem mudar ao longo do tempo, de modo que as cores e os padrões de cores fornecem aos visitantes das flores pistas sobre a idade das flores e a presença de recompensas alimentares, por exemplo em *Aesculus hippocastanura,* em que as guias de néctar cor de laranja nas pétalas brancas se tornam vermelhas à medida que a flor envelhece (Kevan e baker, 1983).

Outras flores também mudam de cor com a idade. As inflorescências mais velhas, centradas em castanho, da artemísia (*Senecio jacobaea*) são ignoradas pelas moscas que visitam as inflorescências mais jovens, centradas em amarelo. O desvanecimento das pétalas de uma erva daninha loco (*Oxytropis splendens*) indica menos visitas de abelhas. As flores de *Lotus scoparius, que* são receptivas à reprodução e recompensam os insectos, são amarelas mas tornam-se cor de laranja após a polinização, deixando de ser visitadas. As flores que parecem ter cores semelhantes para as pessoas podem ter cores muito diferentes para os insectos. Numa base comunitária, as cores das flores são mais distintas e mais diversas para os insectos do que para as pessoas (Kevan e baker, 1983).

A ideia de que a cor preferida das abelhas é o azul é antiga, mas sabe-se que as abelhas visitam flores de qualquer cor e que podem não se dar ao trabalho de discriminar entre morfos de cor de flores que crescem juntas. É certo que as flores azuis, púrpura e malva são mais frequentadas pelas abelhas do que por outros insectos, mas as flores destas cores são frequentemente muito adaptadas estruturalmente à polinização pelas abelhas, por exemplo *Pedicularis, Trifolium, Penstemon* e *Mertensia*. Knoll demonstrou a relação entre a coloração azul e a polinização por Bombyliidae. Outras flores de cor púrpura e malva estão associadas a borboletas mais avançadas; mais uma vez, as flores estão estruturalmente adaptadas à polinização por borboletas (por exemplo, *Dianthus* e *Phlox*). A associação das borboletas às flores cor-de-rosa e às flores vermelhas é bem conhecida (Kevan e baker, 1983).

As flores de floração nocturna são frequentemente brancas ou pálidas e muito perfumadas. As traças nocturnas são atraídas à distância pelo perfume e a curta distância pelo branco mais refletor e contrastante sobre um fundo de folhagem escura. Em contrapartida, muitas flores brancas de floração diurna têm o néctar exposto e são visitadas por uma série de visitantes diurnos, por exemplo, muitos insectos de língua curta, como himenópteros parasitas, moscas e escaravelhos. As flores amarelas são frequentemente muito reflectoras e atraem uma variedade quase ilimitada de visitantes. Alguns visitantes não especializados, por exemplo, Coleoptera, Diptera, Lepidoptera, podem mostrar preferências pelo amarelo. As flores vermelhas estão sobretudo associadas à polinização por aves, mas algumas borboletas têm uma visão sensível ao vermelho e algumas visitam flores vermelhas. Algumas flores vermelhas visitadas por outros insectos têm padrões reflectores de UV, como é o caso da *Papaver*. Os padrões reflectores de UV nas flores *Ophrys* (polinizadas por uma pseudopopulação de vespas *Gorytes* macho) oferecem uma imagem visual "super-normal" que imita as vespas *Gorytes* fêmeas com mais UV do que o modelo. As vespas macho são atraídas para as flores pelo seu cheiro de feromona mimética. Outros padrões miméticos são importantes para atrair insectos que procuram estrume e carniça para flores que imitam essas recompensas, tanto na cor como no cheiro (Kevan e Baker, 1983). No quadro 2 infra são apresentados exemplos de cores de flores preferidas pelos polinizadores e na figura 12.

Tabela 2. Cores típicas das flores associadas a diferentes polinizadores

POLINADORES	COR DA FLOR
ABELHAS	Preferir uma flor de cor branca, amarela, azul ou roxa
BEETLES	Preferir flores brancas a brancas opacas ou verdes
MOSCAS	Preferir uma flor de cor pálida e baça a castanha escura ou púrpura

BORBOLETAS	Preferir flores de cores vivas (vermelho, amarelo, laranja).
MOTH	Preferir flores de cor vermelha pálida e baça, púrpura, rosa ou branca

Fig. 12 Cores típicas das flores associadas a diferentes polinizadores

A. Abelha B. Escaravelho C. Mosca D. Traça E. Borboleta

3.2. Atração odorífera

Para além de produzirem flores visualmente atraentes, as plantas produzem flores perfumadas para atrair polinizadores. As flores que normalmente consideramos de cheiro agradável produzem estes aromas para atrair borboletas, morcegos e traças. Algumas flores produzem aromas tão fortes que podem ser detectados pelos insectos a mais de 800 metros de distância. Quando o aroma é o principal método de atração dos polinizadores, as flores não precisam de ser tão vistosas; assim, as plantas que utilizam o aroma para atrair polinizadores podem não ter flores coloridas. As flores perfumadas são características dos arbustos de verdura (*Clethra alnifolia*), da azálea *(Rhododendron prinophyllum*, família Ericaceae), da espinheira-santa (*Lindera benzoin*, família Lauraceae) e das árvores de magnólia (família Magnoliaceae). Algumas plantas produzem odores desagradáveis que imitam os odores da carne em decomposição ou do estrume para atrair moscas e escaravelhos. Ao inspecionar a flor para localizar a fonte destes odores, o inseto entra em contacto com o pólen. Entre as plantas que dependem das moscas como polinizadores contam-se a papaia (*Asimina triloba*), a couve-da-índia (*Symplocarpus foetidus*) e a maior flor do mundo, a flor-cadáver (*Amorphophallus titanum*) (Galen *et al.*, 2018).

3.3. Período de floração sazonal

A maioria dos polinizadores tem um tempo de vida mais longo do que aquele que as flores de uma única planta podem fornecer como alimento, pelo que é necessário que várias plantas, muitas vezes de espécies diferentes, estejam disponíveis para eles ao longo da estação de crescimento. Para satisfazerem as suas necessidades nutricionais, os animais têm de visitar plantas que florescem em alturas diferentes. Embora muitas plantas floresçam no final da primavera e no início do verão, há plantas que florescem durante a maior parte do ano. Estas diferentes épocas de floração permitem aos polinizadores adquirir alimentos e nutrientes de diferentes espécies de plantas, desde o início da primavera até ao final do outono (Galen *et al.*, 2018).

3.3.1. Flores de primavera

Várias plantas cultivadas no Missouri florescem no início da primavera. Uma dessas plantas é a ameixa selvagem (*Prunus americana*), que proporciona benefícios tanto à vida selvagem como aos seres humanos. A ameixa selvagem é uma espécie monóica com flores perfeitas. As suas flores desabrocham em abril e maio e são polinizadas por várias espécies de abelhas, incluindo as abelhas melíferas (*Apis mellifera*) e as abelhas bumble (*Bombus* spp.). As ameixas silvestres são também hospedeiras de muitas espécies de borboletas (ordem Lepidoptera). Como bónus adicional, as ameixeiras silvestres proporcionam-lhe uma deliciosa fonte de frutos no final do verão que podem ser utilizados para compotas e tartes. O trevo vermelho (*Trifolium pretense*) é uma cultura de cobertura comum no Missouri. Membro da família Fabaceae, o trevo vermelho é uma leguminosa que floresce no final de maio, fornecendo alimento para as abelhas.

Plantas como a língua-de-barba (*Penstemon* spp., família Scrophulariaceae) e o anil falso e selvagem (*Baptisia* spp., família Fabaceae) podem ser plantadas no início da primavera e florescerão desde o final da primavera até ao verão. Estas plantas darão uma cor atraente e atrairão uma variedade de espécies de abelhas para a polinização. Para todas estas plantas, um dos maiores riscos é a geada. Como florescem na primavera, uma geada tardia pode matar as suas flores antes de as plantas serem polinizadas com sucesso. Outro risco é o facto de muitos polinizadores, como as abelhas, não terem tido a oportunidade de aumentar as suas populações na altura em que estas plantas de floração precoce florescem. Por conseguinte, as plantas que florescem na primavera correm o risco de não receber visitas suficientes de polinizadores para se reproduzirem (Galen *et al.*, 2018).

3.3.2. Flores de verão

No Missouri e nas áreas circundantes, são cultivados vários tipos de melões (família Cucurbitaceae), incluindo melancias (*Citrullus lanatus*), que necessitam de polinizadores para produzir frutos. As melancias têm flores masculinas e femininas imperfeitas na mesma planta e o seu pólen é tão pesado que não pode ser transportado pelo vento. Devido a estas características, as melancias necessitam de polinizadores para a reprodução sexual e a frutificação. Para produzir uma melancia comercializável, a flor feminina deve receber 500 a 1.000 grãos de pólen. Os zangões e outras abelhas nativas são os polinizadores mais eficazes das melancias, uma vez que podem fornecer mais pólen em cada visita à flor. As melancias florescem normalmente durante o calor do verão, em julho e agosto.

Os dióspiros nativos (*Diospyros virginiana*, família Ebenaceae) florescem no início do verão, de maio a junho, e são polinizados por abelhas melíferas e outras abelhas nativas. Muitas plantas perenes nativas florescem nos meses de verão e são servidas por polinizadores animais. Um exemplo é a erva-leiteira (*Asclepias* spp., família Apocynaceae), que tem flores rosa-púrpura e floresce de junho a agosto. Polinizada por uma variedade de insectos, a serralha é importante sobretudo para as borboletas-monarca. As larvas de monarca alimentam-se exclusivamente de erva-leiteira e a planta, por sua vez, é polinizada pelas borboletas adultas. A erva-escarlate (*Monarda didyma* L., família Lamiaceae) é outra planta que floresce de finais de junho a finais de agosto. Devido às suas flores longas e estreitas, é polinizada por borboletas de língua comprida e beija-flores.

Os riscos para as plantas que florescem no verão incluem a perda de flores e folhagem devido a insectos herbívoros e a potencial competição por visitas de polinizadores com as muitas outras espécies de plantas que também florescem. Existe também a possibilidade de danificar as flores devido ao granizo e aos ventos fortes. Além disso, o tempo de vida de uma flor depende tanto da temperatura como da água disponível. Com o calor e a seca do verão, o néctar pode secar. Quando isto acontece, os polinizadores podem não ter recursos energéticos suficientes para criar as suas crias (Galen *et al.*, 2018).

3.3.3. Flor de outono

Algumas destas plantas de floração tardia incluem os ásteres (géneros Symphyotrichum e Eurybia., família Asteraceae) e a genciana (*Gentiana* L. spp., família Gentianaceae). As plantas florescem de finais de agosto a outubro e são polinizadas por várias espécies de abelhas. Os girassóis também continuam a florir até ao outono e são visitados por uma variedade de insectos polinizadores. Um arbusto comum no Missouri que floresce de meados de novembro a meados de março, dependendo da subespécie, é a hamamélis (*Hamamelis* spp., família Hamamelidaceae). Em meados do Missouri, as abelhas podem ser vistas a visitar as suas flores em meados de janeiro. As plantas que florescem no final do verão, durante os meses de outono e inverno, correm o risco de serem danificadas por tempestades e geadas precoces. Estes fenómenos naturais danificam as flores e impedem-nas de se reproduzirem com sucesso. As plantas de floração tardia também sofrem com o baixo número de polinizadores, uma vez que os colibris migram para sul e as colónias de abelhas diminuem. Este risco pode ser reduzido se houver uma abundância de plantas com flor disponíveis para os polinizadores no início do verão e do outono (Galen *et al.*, 2018).

3.4. Recompensas para os polinizadores

As interacções entre plantas e polinizadores afectam em grande medida as adaptações morfológicas e fisiológicas. As interacções envolvem uma relação mutualista em que ambas as partes obtêm benefícios. Os polinizadores dependem de anúncios das plantas, como pistas visuais, químicas ou estruturais, para os atrair e dar informações a possíveis polinizadores sobre a localização e o acesso às recompensas florais. A floração das plantas é uma recompensa para os polinizadores, que os incentiva a voltar a visitá-las e, com o aumento do número de visitas regulares, serão proporcionados maiores prémios. Os polinizadores visitam e forrageiam as flores principalmente para obterem recompensas alimentares, como o néctar, que contém uma variedade de compostos, incluindo açúcares, e o pólen, que constitui um importante recurso proteico. Os polinizadores visitam as flores por uma série de razões, incluindo recompensa calórica, energia, proteção e locais de oviposição (Zariman *et al.*, 2022).

3.4.1. Prémios alimentares

Os polinizadores alimentam-se normalmente de plantas para obter recursos nutricionais, principalmente pólen e néctar. Os polinizadores dependem geralmente de atractivos vegetais para os guiar até aos recursos alimentares, uma vez que as recompensas estão frequentemente escondidas no interior de uma flor, que não pode ser vista diretamente pelos polinizadores. As flores polinizadas por animais fornecem geralmente néctar aos polinizadores como recompensa. O néctar é também uma importante fonte de nutrição e energia para os polinizadores. Os polinizadores que visitam as flores são normalmente recompensados com néctar rico em hidratos de carbono, mesmo quando lhes são oferecidas outras recompensas como o pólen ou a cera. Os dípteros alimentam-se de néctar para obterem hidratos de carbono com elevadas concentrações de açúcar para necessidades energéticas a curto prazo, como o acasalamento, a migração e a oviposição, bem como para obterem lípidos capazes de fornecer energia.

Para além do néctar, o pólen também é considerado uma importante recompensa floral que apresenta variações intra-específicas. O pólen contém fontes nutricionais como proteínas, hidratos de carbono e lípidos que beneficiam os animais que o consomem. Os animais polinizadores, especialmente as abelhas, dependem do pólen como única fonte de proteínas para o desenvolvimento das larvas. Além disso, os esteróis, que são lípidos presentes no pólen, são importantes para que os insectos tenham a capacidade de produzir hormonas ou feromonas. Além disso, as proteínas do pólen contêm enzimas que ajudam no crescimento do tubo polínico e na fertilização. A enzima responsável pelo crescimento do tubo polínico chama-se prolina, que também ajuda os insectos polinizadores a ganhar energia para voar. Outros polinizadores perfuram os grãos de pólen para extrair o protoplasma, ao passo que, pelo contrário, os dípteros consomem os grãos inteiros e podem comer muito pólen até o seu ventre ficar inchado e amarelo, e o pólen digerido pode ser visto nos seus excrementos. Foi demonstrado que as abelhas que se alimentam de pólen favorecem certas flores em detrimento de outras e são capazes de discernir variações entre amostras de pólen (semelhantes) com várias propriedades químicas, cromáticas e/ou mecanossensoriais (Zariman *et al.*, 2022).

3.4.2. Recompensas de calor, calor e energia

O balanço energético para a polinização envolve a ingestão de energia, como as recompensas que os polinizadores obtêm das plantas em flor, e a energia do próprio polinizador utilizada na procura de alimento. A temperatura do corpo é uma medida da quantidade de energia gasta sob a forma de calor. A energia é fornecida sob a forma de alimento ou de calor e as necessidades energéticas da maioria dos polinizadores são determinadas por factores como o custo de vida, a locomoção, a termorregulação e o comportamento, que é influenciado principalmente pelo tamanho do corpo. Os polinizadores forrageiam frequentemente em flores mais quentes para obterem uma taxa líquida de energia e reduzirem a quantidade de energia necessária para que os seus corpos atinjam a temperatura de voo antes de abandonarem a flor. As flores termogénicas oferecem recompensas energéticas aos polinizadores, que conseguem reter os insectos polinizadores durante mais tempo em comparação com as plantas protogínicas e, assim, os polinizadores endotérmicos beneficiam de uma maior independência em relação às condições ambientais, o que lhes permite forragear em condições mais frias e húmidas, bem como dispor de um elevado nível de energia para distribuir o pólen com maior tolerância climática e a maiores distâncias.

A rentabilidade do forrageamento dos polinizadores parece estar ligada à relação entre o custo energético e a recompensa, na qual *a Apis dorsata*, que é maior em tamanho e comprimento da língua, forrageia flores de alta recompensa energética, enquanto *a Apis florea* forrageia flores de baixa recompensa energética. *A Apis dorsata* gasta claramente mais energia durante a procura de alimento do que a *Apis florea*, pelo que as suas necessidades energéticas e a sua taxa de procura de alimento são mais elevadas (Zariman *et al.*, 2022).

3.4.3. Outros prémios

As flores também proporcionam frequentemente benefícios aos polinizadores em termos de locais de oviposição e de acasalamento. A mosca varejeira põe ovos em flores que têm um aspeto visual brilhante, o que significa que a cor é importante para suscitar a resposta de oviposição em comparação com os estímulos olfactivos do pólen e do néctar. Além disso, as fêmeas de dípteros são obrigadas a visitar as flores para obter néctar e pólen; por conseguinte, as flores podem ser um excelente local para os machos encontrarem parceiros. Alguns dípteros machos permanecem habitualmente por perto e voam repetidamente perto da flor, actuando como polinizadores, mas procurando acasalamento.

Algumas flores também oferecem óleos gordos como recompensa para os polinizadores e principalmente para as abelhas, que utilizam o óleo misturado com pólen para o aprovisionamento das larvas e para o revestimento do invólucro resistente à água, e estas abelhas têm geralmente uma especialização na recolha de óleos com as suas patas dianteiras equipadas com pentes especiais, escovas e tufos de pêlos (Zariman *et al.*, 2022).

4. MÉTODO DE POLINIZAÇÃO

As plantas são abrangidas pela categoria de autopolinização ou polinização cruzada para efeitos de reprodução, que são apresentadas no Quadro 3 (Chaudhari, 2000). Os insectos e outros organismos desempenham um papel importante no aumento da produção agrícola, aumentando significativamente o rendimento das culturas, legumes, frutos e sementes, visitando as flores e ajudando na polinização. As culturas auto-incompatíveis e de polinização cruzada requerem o serviço de polinização de polinizadores eficientes. As culturas autopolinizadas também beneficiam da polinização por insectos, o que aumenta o rendimento até 30% devido às visitas dos polinizadores e à recolha de néctar ou pólen, e os agricultores beneficiam do serviço dos polinizadores. A falta de polinizadores provoca o declínio da produção de frutos e sementes (Partap, 2001).

As espécies de culturas autopolinizadas ocupam menos de 15 por cento e as restantes são culturas de polinização cruzada que necessitam da ajuda de agentes polinizadores, vento, água ou insectos para a fertilização. Algumas culturas também apresentam frequentemente um carácter de polinização cruzada. A arquitetura genética destas culturas é intermédia entre as espécies de autopolinização e as de polinização cruzada. As espécies de culturas autopolinizadas também beneficiam da polinização cruzada e os híbridos cultivados atualmente necessitam de polinização para produzirem colheitas comercializáveis satisfatórias. Algumas plantas podem ter milhares de flores, mas se não houver uma polinização adequada, pouco ou nenhum fruto será produzido. A polinização é um dos factores mais importantes na produção de frutos (Partap, 2001).

Tabela 3. Classificação das espécies de culturas com base nos aspectos do seu modo natural de polinização

Auto-polinização	Polinização cruzada	Frequentemente polinização cruzada
Cereais: arroz, trigo, cevada, aveia, painço, ragi, etc. **Leguminosas/sementes oleaginosas:** ervilha, amendoim, grama, mung,	**Cereais:** milho, centeio, bajra, etc. **Leguminosas:** luzerna, trevo vermelho/branco, etc.	Jawar, algodão, favas, juta, tabaco, ervilha-de-angola, rai, salsão amarelo, toria, cártamo, brinjal, malagueta, etc.

urid, feijão-frade, soja, lentilha, rajma, sunhemp, linho, etc. **Legumes:** tomate, quiabo, alface, couve-galega, malagueta, pastinaca, batata, etc. **Árvores de fruto:** alperce, citrinos, pêssego, etc. **Culturas forrageiras:** trevo de bardana/subterrâneo, feijão valverde, etc. **Outras culturas:** juta e várias outras gramíneas, etc.	**Legumes:** couve, cenoura, couve-flor, cebola, abóbora, rabanete, nabo, melão, melancia, abóbora, batata-doce, feijão, brócolos, couve-de-bruxelas, salsa, aipo, espinafres, espargos, alho, coentros, etc. **Árvores de fruto: macieira,** abacateiro, bananeira, cerejeira, tamareira, figueira, coqueiro, papaieira, ameixeira, nespereira, morangueiro, amendoeira, nigra, mangueira, pereira, amora, framboesa, castanheiro, avelã, etc. **Culturas forrageiras:** azevém, erva-dos-prados, erva-dos-bromélios, erva-de-são-joão, etc. **Outras culturas:** cana-de-açúcar, cânhamo, lúpulo, etc.	

As plantas são organismos estáticos. Isto significa que não se podem deslocar. Para se reproduzirem, têm de se autopolinizar ou usar vectores externos para transportar os seus gâmetas masculinos de uma flor para outra, fertilizando as partes femininas em cada flor (Jaramilo *et al.,* 2018). Algumas plantas utilizam a **polinização abiótica**, que é a polinização que não é causada por um organismo vivo, mas pela água ou pelo vento. No entanto, a maioria das plantas utiliza a **polinização biótica**, que requer a ajuda de organismos vivos para mover o pólen de uma flor para outra (Galen *et al.*, 2018). No entanto, note-se que os sistemas de polinização mista que envolvem vento e animais, denominados **ambofilia**, são conhecidos para algumas plantas (Ollerton, 2017).

4.1. Polinização abiótica

A polinização transportada pela água é conhecida como **Hipidrófila**. A polinização pela água limita-se às plantas aquáticas. O pólen viaja de uma flor para outra na superfície da água ou abaixo dela, dependendo da planta. A polinização pelo vento é conhecida como **Anemofilia** (Fig. 13).

Fig. 13 Polinização pelo vento

Nas espécies polinizadas pelo vento, o pólen é disperso pelas correntes de ar a partir das anteras, na esperança de que uma parte dele aterre nos estigmas, ou pontas receptivas, dos pistilos femininos. As plantas que utilizam a polinização pelo vento têm numerosas flores minúsculas de cor baça, com pouco ou nenhum néctar ou aroma, porque não precisam de atrair polinizadores. O pólen disperso pelo vento é mais suave e mais leve do que outros tipos de pólen, o que o torna facilmente transportado pelo ar e móvel nas correntes de ar.

As plantas polinizadas pelo vento produzem quantidades enormes de pólen, um facto que as pessoas com alergias conhecem bem. As plantas polinizadas pelo vento crescem geralmente em grupos ou perto umas das outras para garantir que o pólen possa chegar facilmente às flores femininas da mesma espécie. As plantas que utilizam a polinização pelo vento incluem a maioria das espécies de coníferas ou árvores de folha perene; culturas de cereais como o trigo, o arroz, o milho, o centeio, a cevada e a aveia; e a maioria das espécies de gramíneas e juncos. Apenas cerca de 18% das plantas com flor utilizam a polinização pelo vento (Galen *et al.*, 2018).

4.2. Polinização biótica

A maior parte das plantas com flor são polinizadas por animais, que ajudam a polinizar cerca de 87,5 por cento das espécies de plantas com flor. Pensa-se que cerca de 2 00 000 espécies animais diferentes actuam como polinizadores. Cerca de 1000 são vertebrados, incluindo pequenos mamíferos (como os morcegos) e aves. Os insectos são de longe o maior grupo e as abelhas são o grupo mais importante de insectos polinizadores (Fig. 14) (Jaramilo *et al.*, 2018).

Fig. 14 Polinização biótica

As plantas encontraram várias formas de atrair estas espécies animais para as suas flores para ajudar na polinização. Podem atrair os polinizadores através da oferta de alimentos, de um aspeto ou fragrância apelativos, ou mesmo através do engano. A relação planta-polinizador é mutualista, porque tanto as plantas como os polinizadores beneficiam da sua interação. Ao visitarem as flores para se alimentarem, os polinizadores transferem, sem o saberem, pólen de uma flor para outra. Esta transferência de pólen resulta na produção de frutos e sementes, ajudando assim a planta a reproduzir-se. Muitas flores produzem néctar, um líquido açucarado localizado na base da flor, para atrair polinizadores para a flor. As flores polinizadas por beija-flores contêm uma grande quantidade de néctar, do qual os beija-flores dependem para obter energia. Algumas plantas produzem pólen de elevado valor nutritivo para as formigas e as abelhas. Estas plantas têm de produzir grandes quantidades de pólen para garantir que nem todo o pólen é consumido, mas que algum é transportado para as flores receptivas. Quando uma abelha entra numa flor e começa a recolher o pólen, uma parte do pólen fica colada aos pêlos do seu corpo. O pólen no seu corpo é então transferido para outras flores que ela visita na mesma viagem de forrageamento (Galen *et al.*, 2018).

5. POLINADORES

A polinização mediada por animais desempenha um papel funcional importante na maioria dos ecossistemas terrestres e fornece um serviço ecossistémico vital para a manutenção das comunidades de plantas selvagens e agrícolas, uma vez que a maioria das angiospérmicas são limitadas em pólen e dependem de animais para a reprodução sexual (Potts *et al.*, 2010; Albrecht *et al.*, 2012). Uma grande parte da dieta humana depende direta ou indiretamente da polinização animal (Klein *et al.*, 2007; Albrecht *et al.*, 2012; Garibaldi *et al.*, 2013).

A lista de espécies de animais que servem de polinizadores é longa e diversificada. O maior grupo de polinizadores é o dos insectos, mas tanto mamíferos voadores como não voadores, aves e pelo menos um réptil foram registados como polinizadores. O Quadro 4 apresenta uma lista de classes de polinizadores para as plantas com flores selvagens do mundo (as angiospérmicas; aproximadamente 240 000 espécies) e estimativas do número de espécies em cada uma delas (Inouye, 2007).

Quadro 4. Classes de polinizadores para as plantas com flores silvestres do mundo

Categorias de polinização	Taxa de polinizadores estimada
Vento	20,000
Água	150
Todos os insectos	**289,166**
Hymenoptera (abelhas e vespas)	43,295
Lepidópteros (borboletas e traças)	19,310
Diptera (moscas)	14,126
Coleópteros (escaravelhos)	211,935
Tripes	500
Todos os vertebrados	**1221**
Aves	923
Morcegos	165

Os polinizadores são classificados em dois tipos: **invertebrados e vertebrados.** Os insectos são os principais polinizadores animais de 80% de todas as espécies vegetais da Europa, incluindo a maioria dos frutos, muitos legumes e algumas culturas para biocombustíveis. Cerca de 80% das plantas com flor do mundo, incluindo um terço das nossas culturas alimentares, dependem destes polinizadores animais para se reproduzirem. Muitos tipos de animais podem ser polinizadores de uma vasta gama de plantas diferentes. Entre eles incluem-se diversas espécies de Hymenoptera (abelhas, espécies solitárias, abelhões, vespas polinizadoras e formigas), Diptera (moscas das abelhas, moscas domésticas, moscas varejeiras), Lepidoptera (borboletas e traças), Coleoptera (escaravelhos das flores) e outros insectos. Embora as colmeias de abelhas geridas estejam a aumentar em todo o mundo, considera-se que os insectos polinizadores estão em declínio devido a uma série de alterações ambientais recentes e previstas, como a perda de habitat e as alterações climáticas, com consequências desconhecidas para a prestação de serviços de polinização (Potts *et al.*, 2010).

Em Madagáscar, por exemplo, os lémures são os únicos polinizadores de algumas espécies de árvores, transferindo o pólen de árvore para árvore à medida que se alimentam de flores ricas em néctar. Muitos morcegos são polinizadores, incluindo algumas espécies do sudoeste dos Estados Unidos que polinizam o agave e o cato saguaro. Até mesmo alguns lagartos polinizam plantas no dossel da floresta enquanto se deslocam entre as flores, colhendo o néctar.

As espécies de polinizadores podem ser classificadas como especialistas ou generalistas na alimentação. Os polinizadores especialistas são exigentes, recolhendo o pólen de uma gama restrita de plantas estreitamente relacionadas. Os polinizadores especialistas são designados por oligoleges, ou espécies oligolécticas. Os polinizadores generalistas são mais flexíveis e recolhem o pólen de uma variedade de plantas não relacionadas. Os polinizadores generalistas são designados por polyleges, ou espécies polilécticas (Galen *et al.*, 2018).

Os rácios de vulnerabilidade económica das diferentes categorias de culturas são diferentes, algumas categorias são altamente vulneráveis e outras não têm qualquer impacto na perda de polinizadores. A taxa de vulnerabilidade da produção agrícola mundial é mais elevada para as culturas estimulantes (39%), seguida dos frutos de casca rija (31%), frutos (23,1%), óleo alimentar (16,3%), produtos hortícolas (12,2%) e mais baixa para as leguminosas (4,3%), especiarias (2,7%) e 0 por cento para os cereais, açúcar, raízes e tubérculos. A taxa de vulnerabilidade varia consoante as orientações agrícolas, sendo algumas regiões mais vulneráveis, como o Médio Oriente Asiático (15%), a Ásia

Central (14%), a Ásia Oriental (12%) e os países não pertencentes à União Europeia (12%) (Gallai *et al.*, 2009).

Quadro 5. Lista dos insectos polinizadores que visitam as flores de diferentes culturas

S.N O	Espécies de insectos que visitam as flores
1	**Abóbora-da-terra, *Lagenaria siceraria* (Molina)** Standley (Espécie de inseto 3) Broca do feijão-frade (*Lampides boeticus*), mosca dos sirfídeos (*Surphus sp.*), escaravelho vermelho da abóbora (*Aulacophora foveicollis*)
2	***Callistemon citrinus (*Curtis)** Skeels (espécie de inseto 6) Abelha melífera europeia (*Apis mellifera* Lin.), abelha melífera asiática (*Apis cerana*), abelha das rochas (*Apis dorsata*), vespa dourada (*Vespa magnifica*), vespa oriental (*Vespa orientalis*), escaravelho do pólen (*Chiloloba acuta*).
3	**Brinjal, *Solanum melongena* Lin.** (Espécie de inseto 14) *Bombus* spp., *Pelopida mathias*, Vespa da lama (*Chlorion* sp.), Vespa dourada (*Vespa magnifica*), Vespa oriental (*V. orientalis*), *Papilio machon, Presis* sp.), mosca tabanídea (*Tabanus* spp), escaravelho-da-dama (*Hippolimnus* sp.), borboleta-monarca (*Danaus plexipus*), broca do feijão-frade (*L. boeticus*), abelha-carpinteira (*Xylocopa* sp.), borboleta-da-couve (*Pieris brassicae, P. canidia*), vespa-amarela (*Polistes* sp.).
4	**Brócolos, *Brassica oleracea* Lin. var *italica*** Plenck (Espécies de insectos 16) Abelha melífera europeia (*A. mellifera*), abelha melífera asiática (*A. cerana*), abelha das rochas (*Apis dorsata*), mosca da fruta (*Bactrocera* sp.), mosca doméstica (*Musca domestica*), escaravelho vermelho da abóbora (*A. foveicollis*), escaravelho das pulgas (*Phylotreta cruciferae*), escaravelho da dama (*Coccinella* spp.), borboleta-das-couves (*P. canidia , P. brassicae nepalensis*), mosca-sírfida (*Eristalis* spp.), abelha-carpinteira (*Xylocopa* spp.), abelha-carpinteira verde brilhante (*Ceratina* spp.), abelha-bombarda (*Bombus* spp.), pica-pau-do-arroz (*P. mathias*), mosca-tabanídea (*Tabanus* spp.), borboleta-monarca (*Danaus plexipus*).

5	**Trigo mourisco, *Fagopyrum esculentum* Moench**. (Espécies de insectos 21)
	Abelha melífera europeia (*A. mellifera*), abelha melífera asiática (*A. cerana*), abelha da rocha (*A. dorsata*), mosca dos sirfídeos (*Syrphus* sp.), mosca dos tabanídeos (*Tabanus* spp), mosca do pântano (*Bibilio* sp.), pulgão-do-arroz (*P. mathias*), escaravelho (*Coccinella* spp.), abelha-carpinteira (*Xylocopa* sp.), percevejo das leguminosas (*Riptorus lineralis* Fab.), vespa da lama (*Chlorion* sp.), borboleta das couves (*P. brassicae, P. canidia*), broca das leguminosas (*L. boeticus*), borboleta dos rícinos (*Ergolis merione*), mosca doméstica (*Musca sp*), vespa oriental (*V. orientalis*), vespa de faixas amarelas (*Sphex* sp.), vespa icneumonídea (*Ichneumonus* sp.), percevejo verde (*Nezara viridula*), borboleta amarela (*Therias* sp.).
6	**Citrus, *Citrus* sp**. (Espécie de inseto 10)
	Abelha melífera europeia (*A. mellifera*), abelha melífera asiática (*A. cerana*), abelha da rocha (*A. dorsata*), vespa dourada (*V. magnifica*), vespa oriental (*V. orientalis*), escaravelho vermelho da abóbora (*A. foveicollis*), escaravelho Epilachna (*Epilacanthi pusillanimity)*, mosca doméstica (*M. domestica*), mosca da fruta (*Bactrocera* sp.), borboleta-limão (*Papilio machon. P. demoleus*).
7	**Feijão-frade, *Vigna unguiculata* (Lin.)** Walp. (Espécie de inseto 17)
	Abelha melífera europeia (*A. mellifera*), abelha melífera asiática (*A. cerana*), abelha da rocha (*A. dorsata*), abelha carpinteira (*Xylocopa* sp.), pica-pau do arroz (*P. mathias*), broca do feijão-frade (*L. boeticus*), abelha do zangão (*Bombus* spp.), vespa oriental (*V. orientalis*), mosca tabanídea (*Tabanus* spp), mosca sirfídea (*Eristalis* sp.), mosca doméstica (*M. domestica*), mosca da fruta (*Bactrocera* sp.), borboleta dos rícinos (*E. merione*), borboleta das couves (*P. brassicae, P. Canidia*), vespa dourada (*V. magnifica*), mosca dos cintomídeos (*Cyntomis passalis*), mosca da mostarda (*Athalia lugens proxima*).
8	**Pepino, *Cucumis sativus* Lin**. (Espécie de inseto 14)
	Abelha melífera europeia (*Apis mellifera* Fab.), abelha melífera asiática (*Apis cerana* Lin.), abelha da rocha (*Apis dorsata* Lin.), escaravelho (*Coccinella* spp.), escaravelho vermelho da abóbora (*Aulacophora*

	foveicollis Lucas), escaravelho do pólen (*Chiloloba acuta* W.), mosca da fruta (*Dacus cucurbitae* (Que.), abelha-da-carpinteira (*Xylocopa* sp.), borboleta-das-espigas (*Presis* sp.), borboleta-dos-arroz (*Pelopidas mathias* (F.), borboleta-limão (*Papilio machon* Lin.), vespa-oriental (*Vespa orientali* (Lin.), vespa-dourada (*Vespa magnifica* (Smith), vespa-amarela (*Sphex* sp.)
9	**Litchi, *Litchi sinensis* Sonner.** (Espécie de inseto 21) Abelha melífera europeia (*A. mellifera*), abelha melífera asiática (*A. cerana*), abelha da rocha (*A. dorsata*), escaravelho do pólen (*Chiloloba acuta*), escaravelho da dama (*Coccinella* spp), mosca da donzela (*Agriochemis* spp), mosca doméstica (*M. domestica*), mosca taquinídea (*Agryrophylax nigrotibitalis*), percevejo da orelha do arroz (*Leptocorisa acuta*), mosca sirfídea (*Eristalis* sp.), mosca tabanídea (*Tabanus* spp), borboleta do pansy (*Presis* sp.), borboleta do limão (*P. machon*), broca do feijão-frade (*L. boeticus*), mosca cintomídea (*C. passalis*), vespa oriental (*V. orientalis*), vespa dourada (*V. magnifica*), vespa amarela (*Sphex* sp.), borboleta castor (*E. merione*), borboleta monarca (*Danaus plexpus*), mosca do grou.
10	**Manga, *Mangifera indica* Lin.** (Espécie de inseto 11) Abelha-melífera europeia (*A. mellifera*), abelha-melífera asiática (*A. cerana*), abelha-das-rochas (*A. dorsata*), mosca-sírfida (*Syrphus* sp.), mosca doméstica (*M. domestica*), vespa-oriental (*V. orientalis*), vespa-amarela (*Sphex macula*), borboleta-dos-castores (*E. merione*), borboleta-ninfalídea (*Presis atlites*), borboleta-monarca (*D. plexpus*).
11	**Quiabo, *Abelmoschus esculentus* Moench.** (Espécie de inseto 13) Abelha-melífera europeia (*A. mellifera*), abelha-melífera asiática (*A. cerana*), abelha-das-rochas (*Apis dorsata*), abelha-bombarda (*Bombus* spp.), escaravelho-das-flores (*Chiloloba acuta* Wied.), borboleta-dos-arroz (*P. mathias*), borboleta-limão (*P. machon*), vespa oriental (*V. orientalis*), borboleta do amor-perfeito (*P. lemonias*), vespa dourada (*V. magnifica*), mosca-sírfida (*Eristalis* sp.), abelha-carpinteira (*Xylocopa* sp.), vespa de faixas amarelas (*Polistes* sp.)
12	**Rabanete, *Raphaus sativus* Lin.** (Espécie de inseto 16)

	Abelha melífera europeia (*A. mellifera*), abelha melífera asiática (*A. cerana*), abelha da rocha (*A. dorsata*), escaravelho (*Coccinella* spp.), abelha do género *Bombus* spp., inseto do algodão vermelho (*Dysdercus koenigii* (Fab.), mosca da borracha (*Asilus* sp.), percevejo verde (*Nezara viridula* (L.), escaravelho do pólen (*Chiloloba acuta* Wied.), mosca-sirfídea (*Syrphus* sp.), mosca doméstica (*Musca domestica* Lin.), mosca-tabanídea (*Tabanus* spp), pula-arroz (*Pelopidas mathias* (F.), borboleta-da-couve (*Pieris brassicae* Lin, *P. canidia* Lin.), broca do feijão-frade (*Lampides boeticus* Lin.)
13	**Colza, *Brassica campestris* Lin. var *toria* Duth. & Full.** (Espécie de inseto 20) Abelha melífera europeia (*Apis mellifera* Lin.), abelha melífera asiática (*Apis cerana* Fab.), abelha das rochas (*Apis dorsata* Fab.), escaravelho (*Coccinella* spp.), abelha do género *Bombus* spp.), mosca-sírfida (*Syrphus* sp.), abelha-carpinteira (*Xylocopa* spp), mosca-tabanídea (*Tabanus* spp), pica-pau-do-arroz (*P. mathias*), traça-dos-geometrídeos (*Nyctalaemon* sp.), broca-do-colmo (*L. boeticus*), mosca Cyntomida (*Cyntomis passalis*), mosca da mostarda (*A. lugens proxima*), borboleta do pansy do pavão (*P. atlites*), vespa amarela (*Sphex* sp.), vespa da lama (*Chlorion* sp.), gafanhoto de chifre curto (*Oxya* spp.), percevejo verde (*Nezara viridula*), lagarta da abóbora (*Diaphinia indica*), escaravelho da bolha (*Mylabris* spp.)
14	**Grama vermelha, *Cajanus cajan* (Lin.)** Huch. (Espécie de inseto 13) Abelha melífera europeia (*A. mellifera*), abelha melífera asiática (*A. cerana*), abelha da rocha (*A. dorsata*), broca do feijão-frade (*L. boeticus*), abelha do zangão (*Bombus* spp.), mosca do tabanídeo (*Tabanus* spp), mosca do sirfídeo (*Syrphus* sp.), mosca doméstica (*M. domestica*), pulgão-do-arroz (*P. mathias*), borboleta-das-rochas (*E. merione*), borboleta-das-couves (*P. brassicae*, *P. canidia*), vespa-dourada (*V. magnifica*), mosca-da-mostarda (*A. lugens proxima*)
15	**Sésamo, *Sesamum indicum* Lin.** (Espécie de inseto 4) Abelha-melífera europeia (*Apis mellifera*), abelha-melífera asiática (*Apis cerana*), abelha-das-rochas (*Apis dorsata*), mosca-sírfida (*Syrphus* sp.)
16	**Esponja, *Lufa aegyptiaca* Miller** (Espécie de inseto 14)

	Borboleta-limão (*P. machon*), borboleta-amarela (*Therias* sp.), borboleta-das-couves (*P. brassicae, P. canidia*), borboleta-dos-castores (*E. merione*), abelha-bombarda (*Bombus* spp.), vespa-dourada (*V. magnifica*), vespa-oriental (*V. orientalis*), escaravelho da Epilachna (*Henosepilachna pusillanum*), saltador do arroz (*P. mathias*), mosca da fruta (*Bactrocera* sp.), vespa da lama (*Chlorion* sp.), broca do feijão-frade (*L. boeticus*), escaravelho vermelho da abóbora (*A. foveicollis*), mosca tabanídea (*Tabanus* spp.)
17	**Abóbora, *Cucurbita maximaDuch*. var. *maxima*** (Espécie de inseto 9) Abelha europeia (*A. mellifera*), abelha asiática (*A. cerana*), escaravelho (*Coccinella* spp), mosca-sirfídea (*Syrphus* sp), escaravelho vermelho da abóbora (*A. foveicollis*), mosca da borracha (*Asilus* sp.), mosca da fruta (*Bactrocera* sp.), mosca doméstica (*M. domestica*)

Fonte: De um inquérito no terreno e de outros estudos diversos (Devkota, 2000; Dhakal, 2003; Neupane, 2001; Thapa, 2002)

Foi registado um total de 368 espécies identificadas em 115 famílias de 7 ordens que servem de polinizadores em 43 frutos e flores diferentes em pomares e campos selvagens. Os insectos polinizadores mais diversificados foram as espécies de Hymenoptera (110 espécies), seguidas de Diptera (104 espécies), Coleoptera (88 espécies) e Lepidoptera (47 espécies). O inseto polinizador dominante foi a abelha melífera (*Apis mellifera*, 34 registos), seguida de *Eristalis cerealis* (Diptera), *Tetralonia nipponensis* (Hymenoptera), *Xylocopa appendiculata* (Hymenoptera), *Eristalis tenax* (Diptera), *Helophilus virgatus* (Diptera) e *Artogeia rapae* (Lepidoptera). Os principais insectos polinizadores são as abelhas (Hymenoptera), uma vez que as abelhas passam a maior parte da sua vida a recolher pólen, uma fonte de proteínas que alimentam a sua descendência em desenvolvimento, e néctar, uma fonte de energia concentrada (Aizen e Harder, 2009). A abelha melífera é o polinizador mais conhecido e amplamente gerido. Além disso, existem centenas de outras espécies de abelhas, na sua maioria espécies solitárias que nidificam no solo, que contribuem com algum nível de serviços de polinização para as culturas e são muito importantes nas comunidades vegetais naturais (Garibaldi *et al.*, 2013). Entre as abelhas, a diversidade ao nível do género mostrou que *Andrena* era a mais diversificada, com mais de 21 espécies, seguida de 14 espécies de *Lasioglossum*, 8 de *Bombus*, 6 de *Nomada* e 5 de *Osmia*.

As moscas são consideradas a segunda ordem de insectos mais importante tanto para a visita às flores como para a polinização (Larson *et al.*, 2001). Vários insectos dípteros são utilizados comercialmente em todo o mundo como polinizadores de culturas específicas, incluindo a utilização de moscas *Eristalis* hoverflies em pimentos e de moscas califorídeas em canola, girassol, trigo mourisco, alho, alface e pimentos, e outras culturas (Larson *et al.*, 2001; Defra, 2014). Na Coreia, o género de dípteros dominante foi *Drosophila* com 5 espécies, seguido de 4 espécies de *Paragus* e 3 espécies de *Calliphora*, *Eristalis*, *Helophilus*, *Pipiza*, *Sphaerophoria* e *Syrphus*, respetivamente. Drosophilidae têm sido associados à polinização de Genoplesium (Orchidaceae) na Austrália (Bishop 1996; Larson *et al.*, 2001). Além disso, sabe-se que os Drosophilidae e os Nitidulidae (Coleoptera) simpátricos transportam leveduras entre flores de muitas Convolvulaceae, Hibiscus e outras plantas que possuem flores campanuladas nas regiões Neárctica, Neotropical e Australo-Pacífica (Lachance *et al.*, 2001; Larson *et al.*, 2001; Defra, 2014).

Os escaravelhos constituem o terceiro grupo de insectos visitantes de flores. Os escaravelhos são o maior grupo de insectos e polinizam uma vasta gama de espécies de plantas com vários caracteres reprodutivos, polinizando 88% das 240 000 plantas com flores (Endress, 1994). Na Austrália, 23% das famílias de escaravelhos (28 famílias) incluem os insectos que visitam as flores, enquanto 51% das famílias de dípteros (44 famílias) incluem os insectos que visitam as flores (Armstrong, 1979). Na Coreia, cerca de 71 espécies em 27 famílias foram identificadas como espécies de escaravelhos visitantes de flores.

Nos lepidópteros, 43 espécies de borboletas visitaram flores de diversas culturas e plantas silvestres. Além disso, muitas espécies de traças (Adelidae, Geometridae e Zygaenidae, etc.) visitaram as culturas e as plantas selvagens. Entre as plantas, observou-se que a maioria dos polinizadores visitava os principais frutos, como a maçã, a pera e o pêssego, seguidos de algumas culturas hortícolas. Entretanto, os insectos polinizadores de flores silvestres eram relativamente pouco frequentes, exceto uma erva exótica, *Erigeron annuus* . Com base nos tipos de plantas, a frequência de registo de Hymenoptera foi mais elevada nas culturas frutícolas, indicando que a diversidade de abelhas polinizadoras nas culturas frutícolas é mais elevada do que nas culturas hortícolas ou nas plantas silvestres. Nas plantas silvestres, as frequências mais elevadas de Hymenoptera, Diptera e Lepidoptera, bem como de insectos Coleópteros, foram relativamente mais elevadas (Choi e Jung, 2015).

5.1. Invertebrados polinizadores

Embora a visitação de flores tenha sido observada por espécies de pelo menos 16 ordens de insectos, apenas quatro delas incluem muitas espécies que polinizam regularmente as flores e que parecem ter estado envolvidas em interacções coevolutivas com as plantas. São elas os escaravelhos (Coleoptera), as moscas (Diptera), as borboletas e as traças (Lepidoptera) e as formigas, abelhas e vespas (Hymenoptera). Além disso, os tripes (Thysanoptera) incluem algumas espécies comedoras de pólen que podem ser polinizadoras, algumas moscas-das-pedras (Plecoptera) e insectos verdadeiros (Hemiptera) visitam as flores e comem pólen e néctar, e algumas espécies de crisopídeos (Neuroptera), escorpiões (Mecoptera) e caddisfly (Trichoptera) comem néctar, como se pode ver na figura 15 (Inouye, 2007).

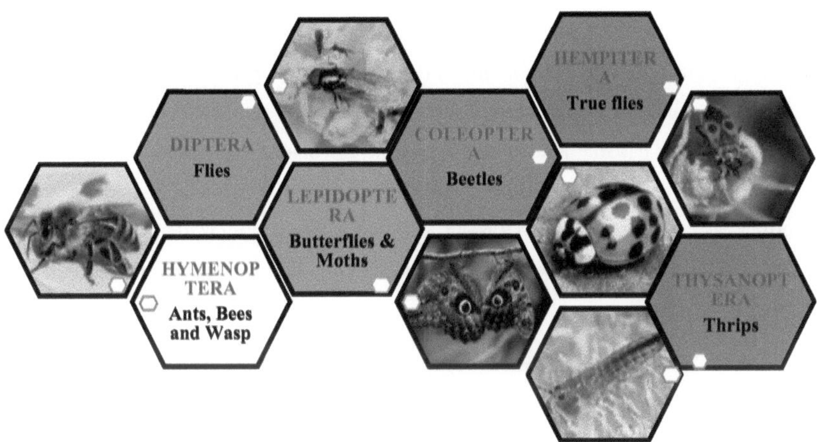

Fig. 15 Invertebrados polinizadores

5.1.1. Hymenoptera

Os insectos polinizadores pertencem a diferentes ordens, *nomeadamente*, Hymenoptera, Diptera, Lepidoptera, Coleopteran e Thysanoptera (Michener,1974). Entre eles, os himenópteros são o agente mais importante devido às suas elevadas necessidades energéticas e à tendência para recolher previsões para as suas crias sob a forma de pólen e néctar. Cerca de um terço dos nossos alimentos, como frutos e legumes, frutos secos e sementes de que dependemos, provém da polinização por insectos. No quadro 6 estão resumidas as plantas com flores de importância económica que são polinizadas por himenópteros (Buchmann, 1996).

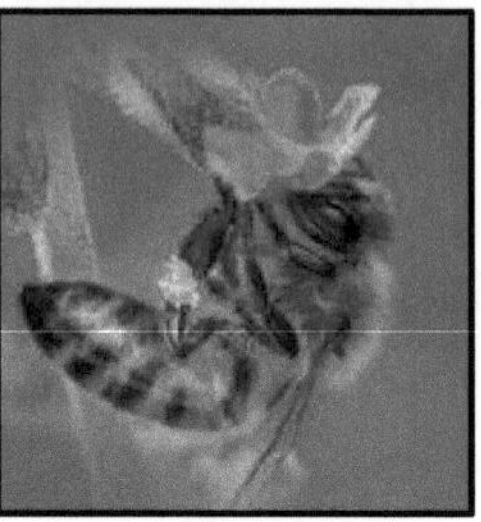

Fig. 16 Hymenoptera

Polinizadores himenópteros A ordem Hymenoptera é um grupo de insectos importante para o ser humano, pois contém polinizadores de plantas com flor silvestres e cultivadas, predadores ou parasitóides de outros insectos que o ser humano considera prejudiciais e abelhas que ajudam o ser humano a melhorar a economia e a produção agrícola. É uma das quartas maiores ordens de insectos, com mais de 100 000 espécies identificadas em todo o mundo (Rasplus, 2010). Os vários polinizadores himenópteros são as abelhas (abelhas melíferas e outras abelhas coloniais, gregárias e solitárias), as formigas e as vespas.

Quadro 6. Plantas com flores economicamente importantes que são polinizadas por himenópteros

S.N.	POLINADORES	CULTURAS POLINIZADAS
1	Abelhas melíferas	**Legumes:** Feijão, Beterraba, Brócolos, Repolho, Cenoura, Couve-flor, Malagueta, Pepino, Beringela, Cabaça, Limão, Lima, Quiabo, Cebola, Ervilha, Abóbora, Rabanete, Abóbora. **Frutas:** Maçã, amora, goiaba, toranja, kiwi, lichia, manga, laranja, papaia, pera, pêssego, romã, framboesa, abóbora, morango, cereja doce, melancia. **Frutos secos:** Amêndoa, caju, coco.

		Ervas aromáticas e especiarias: Coentros, alho, hortelã, nabo, pimentos. **Culturas oleaginosas**: Algodão, mostarda, colza, cártamo, soja, girassol, sésamo.
2	Abelhas	**Legumes:** Malagueta, Pepino, Cabaça, Batata, Abóbora, Abóbora, Tomate **Frutos:** Maçã, Amora, Goiaba, Toranja, Kiwi, Naranjilla, Laranja, Pera, Pêssego, Framboesa, Morango, Cereja doce, Melancia. **Frutos secos:** Amêndoa, Caju. **Ervas aromáticas e especiarias:** Coentros, alho, hortelã, nabo, pimentos. **Culturas oleaginosas:** Algodão, girassol
3	Abelhas solitárias	**Legumes:** Feijão, brócolos, couve, cenoura, couve-flor, malagueta, pepino, beringela, cabaça, quiabo, cebola, batata, abóbora, abóbora, tomate. **Frutos:** Maçã, Amora, Goiaba, Kiwi, Papaia, Pera, Pêssego, Romã, Framboesa, Morango, Melancia. **Frutos secos:** Amêndoa, Caju. **Ervas aromáticas e especiarias:** Coentros, alho, hortelã, pimentos. **Culturas oleaginosas:** Algodão, mostarda, colza, cártamo, girassol, sésamo
4	Abelhas carpinteiras	**Legumes:** Ervilha-de-pombo, Tomate. **Frutos:** Melão, maracujá, mirtilos. **Frutos de casca rija:** Castanha do Brasil. **Culturas oleaginosas:** Algodão.
5	Vespa	**Frutos:** Figo, Manga. **Nozes:** Noz de macadâmia **Ervas aromáticas e especiarias:** Hortelã. **Culturas oleaginosas:** Sésamo.
6	Formigas	**Frutos:** Manga.

		Ervas e especiarias: Stonecrop, Cascade knotweed.

Quadro 7. Lista de insectos himenópteros visitantes de flores em diferentes tipos de plantas (fruteiras, culturas hortícolas e plantas silvestres)

FAMÍLIA	NOME CIENTÍFICO	FAMÍLIA	NOME CIENTÍFICO
Andrenidae	*Andrena benefica*	**Megachilidae**	*Megachile humilis*
	Andrena dentata		*Megachile nipponica*
	Andrena fukuokensis		*Megachile rixator*
	Andrena haemorrhoa		*Megachile spissula*
	Andrena halictoides		*Osmia cornifrons*
	Andrena hikosana		*Osmia imaii*
	Andrena japonica		*Osmia orientalis*
	Andrena kaguya		*Osmia pedicornis*
	Andrena kunthi		*Osmia taurus*
	Andrena longitibialis		
	Andrena mediocalens		
	Andrena mikado		
	Andrena okinawana		
	Andrena opacifovea		
	Andrena prostomias		
	Andrena pruniphora		
	Andrena yamato		
	Panurainus crawfordi		
	Andrena koma		
	Andrena koreana		
	Andrena maetai		

Anthophorida e	*Amegilla florea* *Amegilla quadrifasciata*	**Pamphiliidae**	*Pamphiliidae* sp.
Apídeos **Apídeos**	*Anthophora florea* *Apis cerana* *Apis mellifera* *Bombus ardens* *Bombus consobrinus* *Bombus hypocrita* *Bombus ignitus* *Bombus pascuorum* *Bombus terrestris* *Bombus tersatus* *Bombus ussuriensis* *Ceratina flavipes* *Crocisa emarginata* *Eucera spuratipes* *Hylaeus* sp. *Lassioglossum* sp. *Melecta sinensis* *Nomada issikii* *Nomada pyrifera* *Nomada hakonensis* *Nomada issikii* *Nomada japonica* *Nomada pyrifera* *Panurginus crawfordi* *Tetralonia nipponensis* *Xylocopa appendiculata*	**Pompilídeos**	*Anoplius samariensis*

Argidae	*Arge nipponica*	**Escólidos**	*Campsomeris annulate* *Campsomeris annulata* *Scolia oculata Campsomeris prismatica*
Braconídeos	*Braconidae* sp.	**Sphecidae**	*Ammophila sabulosa* *Crossocerus* sp. *Passaloecus monilicornis Sphecidae* sp.
Cercerídeos	*Cerceris hortivaga*	**Tenthedinidae**	*Décimo analis*
Crabronidae	*Pemphredon* sp. *Tachytea* montiola	**Tenthredinidae**	*Aglaostigma* nebulosa *Athalia lugens* *Athalia proxima* *Athalia rosae* *Dolerus* ephippiatus *Hoplocampa coreana* *Strongylogaster filicis* *Strongylogaster secundus* *Décimo analis* *Décimo terceiro mortivaga*
Cimbicídeos	*Orietabia* sp.	**Tiphiidae**	*Tiphiidae* sp.
Colletidae	*Hylaeus paradifformis*	**Trypoxtlidae**	*Pison punctifrons*
Cynipidae	*Cynipidae* sp.	**Xyelidae**	*Xyelidae* sp.
Eulophidae	*Eulophidae* sp.	**Xilocopídeos**	*Xylocopa amamensis*
Eumenídeos	*Eumenidae* sp. *Symmorphus captivus*		
Formicidae	*Camponotus atrox* *Camponotus japonicus*		

	Crematogaster osakensis		
	Formica japonica		
	Lasius alienus		
	Lasius niger		
	Myrmica sp.		
	Paratrechina flavipes		
Halictidae	*Halictus aerarius*		
	Lasioglossum amamiense		
	Lasioglossum apristum		
	Lasioglossum calceatum		
	Lasioglossum discrepans		
Ichneumonidae	*Coccygomimus luctuosa*		
	Coccygomimus nipponicus		
	Ichneumonidae sp.		

Fonte: Choi e Jung (2015)

5.1.1.1. As abelhas

Cerca de um terço da dieta humana total provém de culturas polinizadas por abelhas e da polinização

O valor da produção de mel é cerca de 143 vezes superior ao da produção de mel (Mishra, 1997). As abelhas são o centro de atração da humanidade desde o início pelos seus serviços de polinização e produtos apícolas. A grande diversidade de espécies de abelhas e de plantas com flores que ocorrem no país ajuda a manter a diversidade da flora e a fauna apícola influencia grandemente a polinização das culturas e recompensa a produção das colmeias ao serviço da natureza e dos seres humanos. O potencial polinizador de uma única colónia de abelhas torna-se evidente quando se percebe que as abelhas fazem até quatro milhões de viagens por ano e que durante cada viagem são visitadas, em média, cerca de 100 flores (Free, 1993).

Fig. 17 Melitófila

A polinização efectuada pelas abelhas é designada por **Melittophily** (Fig. 17) (Ananthakrishnan, 1992). As abelhas são um dos polinizadores mais importantes em todo o mundo, uma vez que polinizam muitas plantas selvagens e agrícolas importantes, prestando assim serviços muito valiosos ao ecossistema (Gradish *et al.*, 2019). Constitui o maior grupo de insectos polinizadores, que inclui dois grupos: as abelhas sociais, como as abelhas **melíferas** e **os zangões**, vivem em colónias, enquanto as abelhas solitárias vivem sozinhas, o que se deve ao facto de terem pêlos suficientes no corpo e aos seus padrões de comportamento. A polinização por abelhas não só resulta num maior número de frutos, bagas ou sementes, como também pode proporcionar uma melhor qualidade do produto, e a polinização eficiente das flores também pode servir para proteger as culturas contra pragas (Gallai *et al.*, 2009).

Quase todas as espécies de abelhas, tanto adultas como larvas, dependem das flores para obter pólen e néctar como recursos nutricionais e, de todos os insectos, as abelhas são as mais bem adaptadas à visitação e polinização das flores. O seu comportamento, morfologia e sentidos da visão e do olfato parecem estar todos adaptados para encontrar e recolher recursos florais. Por exemplo, a visão tricromática das cores dos abelhões e das abelhas inclui o ultravioleta, o que lhes permite ver os padrões de reflexão ultravioleta que muitas flores utilizam como guias de néctar ou como cor das pétalas. Os seres humanos não conseguem ver estes padrões sem a ajuda de câmaras (Inouye, 2007).

Embora o pólen (destinado principalmente à alimentação das larvas) e o néctar (recurso tanto das larvas como dos adultos) sejam os recursos mais comuns recolhidos pelas abelhas, algumas flores oferecem óleo como recompensa. O óleo é recolhido pelas abelhas da família Anthophoridae; as fêmeas destas espécies têm escovas absorventes para segurar o óleo e arestas afiadas nas patas, que são utilizadas para espremer o óleo, de modo a que este possa ser misturado com o pólen como alimento para as larvas. Algumas abelhas recolhem a resina como um produto floral

recompensa, que depois utilizam na construção do ninho (Inouye, 2007).

Habitat de nidificação

✓ Os hábitos de nidificação das abelhas variam muito. Por exemplo

  ➢ As abelhas Manson constroem ninhos de lama.

  ➢ As abelhas cortadeiras de folhas utilizam um invólucro de folhas, resina e areia.

  ➢ As abelhas cardadoras colhem as fibras vegetais.

✓ A maior parte das abelhas escava os seus túneis de nidificação em zonas ensolaradas de solo nu, enquanto outras procuram tocas de escaravelhos abandonadas em troncos ou ramos de árvores mortas. A maior parte das abelhas é solitária, mas algumas, como as abelhas do suor, os zangões e as abelhas do mel, são sociais, vivendo em colónias constituídas por uma rainha, a sua operária e alguns machos, o zangão (www.fs.usda.gov/wildflowers/pollinators/animals/bees.shtml).

Flores de abelha

As flores que são visitadas pelas abelhas são tipicamente

  ➢ Cheio de néctar
  ➢ De cores vivas, com pétalas geralmente azuis ou amarelas ou uma mistura destas (as abelhas não conseguem ver o vermelho)
  ➢ Docemente aromático ou com um aroma a menta
  ➢ Aberto durante o dia
  ➢ Fornecer uma plataforma de aterragem
  ➢ Muitas vezes bilateralmente simétrica (um lado da flor é uma imagem espelhada do outro)
  ➢ As flores são frequentemente tubulares com néctar na base do tubo.

Um exemplo de uma flor polinizada por abelhas é o snapdragon ou Penstemon. As flores do Snapdragon têm flores robustas, de forma irregular, com plataforma de aterragem. Apenas as abelhas com o tamanho e o peso adequados podem despoletar a abertura da flor. Outras espécies de abelhas ou outros insectos demasiado pequenos ou

demasiado   grandes   são   excluídos
(www.fs.usda.gov/wildflowers/pollinators/animals/bees.shtml).

Guias Nectar

Muitas das flores polinizadas pelas abelhas têm uma região de baixa reflectância ultravioleta perto do centro de cada pétala. Esta região parece invisível para o ser humano porque o nosso espetro visual não se estende ao ultravioleta. No entanto, as abelhas conseguem detetar a luz ultravioleta. O padrão ultravioleta contrastante é chamado de guia de néctar. Este guia ajuda a abelha a localizar rapidamente o centro da flor. Esta adaptação beneficia tanto a flor como as abelhas. As abelhas podem recolher mais rapidamente o néctar e a flor é polinizada de forma mais eficaz (www.fs.usda.gov/wildflowers/pollinators/animals/bees.shtml).

1. abelhas melíferas

As abelhas melíferas são o visitante floral mais frequente das plantas em todo o mundo e actuam como principal polinizador na maioria das plantas de polinização cruzada, particularmente nas especiarias de sementes. Embora as abelhas melíferas não sejam o melhor polinizador para todas as plantas ou plantas nativas, muitas espécies têm sido conservadas e utilizadas para a polinização de várias plantas no mundo. A abelha melífera mais conhecida é a abelha europeia (*Apis mellifera*) (Figura 18), que foi domesticada para a produção de mel e a polinização das flores. A abelha melífera ocidental é o visitante floral mais frequente nos habitats naturais e presta serviços de polinização muito valiosos a uma grande variedade de plantas. É classificada como a espécie individual de polinizador mais frequente em todo o mundo, com uma média de 13% das visitas florais em todas as redes (intervalo de 0-85%), com 5% das espécies de plantas registadas como sendo exclusivamente visitadas por *A. mellifera* (Hung *et al.*, 2018).

Fig. 18 Abelha melífera

Outra abelha domesticada é a *Apis cerana*, endémica da Ásia e vulgarmente designada por abelha indiana ou abelha asiática da colmeia. *A A. cerana* é um excelente polinizador de muitas espécies de plantas, incluindo plantas de especiarias, frutos, nozes, oleaginosas, couve-flor, quiabo e cebola. Por vezes, estas abelhas são consideradas polinizadores superiores em comparação com a *A. mellifera*. Factores como uma área de forragem mais pequena (assim, cada operária passa mais tempo com as mesmas plantas e tem uma maior fidelidade floral), um período de forragem diário mais longo (começa a forragear de manhã cedo e continua a forragear ao fim da tarde) e a forragem a temperaturas mais baixas tornam a *A. cerana um polinizador* eficiente (Verma e Partap, 1996).

Apis dorsata é identificada como um importante polinizador selvagem tanto de plantas selvagens como de plantas domesticadas, sendo também considerada um polinizador promissor de algumas culturas hortícolas e de campo da Índia. Muitas espécies de plantas em todo o sul da Ásia dependem de *A. dorsata*. Estas abelhas não podem ser geridas para a polinização, mas pensa-se que algumas das principais espécies de plantas, como o algodão, a manga, o coco, o café, a pimenta, a carambola e a macadâmia, dependem fortemente da *A. dorsata* para a polinização. Atualmente, não existem dados fiáveis sobre a contribuição económica real da polinização de *A. dorsata* (Roubik, 1995; Latif *et al.*, 2019). A abelha anã, *A. florea*, desempenha um papel importante na polinização de flores geitonogâmicas, uma vez que a abelha é lenta e permanece numa planta durante muito tempo. Trata-se de um polinizador natural que utiliza as flores de muitas culturas locais. Para além de prestarem serviços de polinização, as abelhas melíferas também produzem outros produtos importantes que são utilizados pelo ser humano, como o mel, o pólen, a cera, a geleia real e o própolis.

Comportamento de forrageamento das abelhas melíferas

As abelhas têm actividades de campo muito organizadas. As abelhas voam nas imediações da colmeia em busca de fontes de alimento e são as abelhas operárias que concluíram a sua fase de trabalho na colmeia. Este trabalho de prospeção é efectuado independentemente da comunicação das forrageiras. Depois de terem descoberto uma fonte de alimento, as operárias recolhem uma boa quantidade de néctar e de pólen, regressam à colmeia e comunicam essa informação às abelhas do campo. As abelhas do campo decidem então sobre a adequação das fontes alternativas procuradas pelas abelhas batedoras. As actividades das abelhas dos campos são muito influenciadas por factores ambientais. A procura de alimentos é reduzida a temperaturas mais baixas e a procura de água aumenta acima de 34^0 C. A precipitação também afecta negativamente as actividades de procura de alimentos. As abelhas evitam procurar alimento quando o vento é forte. Dependendo da disponibilidade e do acesso. As abelhas forrageadoras recolhem o pólen do néctar juntamente com o néctar. As colhedoras de néctar passam mais tempo a procurar alimento numa flor, mas podem chegar às nectarinas através de trabalho lateral e não entrar em contacto com as partes reprodutivas das flores. Mesmo as operárias de topo podem especializar-se para recolher o néctar através da coluna reprodutora sem afetar a polinização. Os colectores de néctar e os colectores de pólen trabalham mais profundamente nas flores e são considerados os melhores polinizadores. Mesmo os colectores de pólen retiram algum néctar e, muitas vezes, há sobreposição de recompensas. Acredita-se que os colectores dependem das necessidades da colónia, sendo importante a disponibilidade de recompensas (Rahman, 2017).

Alcance de voo e taxa de forrageamento

As abelhas melíferas podem ter um alcance extremo de forrageamento até 7-10 km, mas o alcance económico de forrageamento é de 2 km para a *A. mellifera* e de 1 km para a *A. cerana*. Dentro destes intervalos, a riqueza da fonte é mais importante do que a distância da colmeia, mas as jovens forrageadoras forrageiam perto da colmeia. Os balanços energéticos na recolha de néctar são mais favoráveis com a diminuição da distância. As abelhas localizam facilmente as fontes de néctar e visitam-nas mais vezes, o que resulta numa melhor polinização das culturas. A polinização é ainda mais beneficiada pelo maior número de viagens efectuadas por cada forrageador por dia (Rahman, 2017).

O número de flores visitadas por unidade de tempo depende da abundância de pólen e néctar por flor. O destino da forragem também é afetado pelas condições ambientais, ou seja, a temperaturas mais baixas, as abelhas podem precisar de tempo para aumentar a sua temperatura torácica entre o tempo gasto para recolher o néctar ou o pólen de cada uma das flores. Para recolher uma carga, uma abelha pode visitar poucas (25) a muitas (400) flores. É frequente as abelhas regressarem à colmeia para a recolha acidental de pólen, caso em que a carga não está completa (Rahman, 2017).

2. Abelhas

Os abelhões (figura 19) são conhecidos polinizadores de várias plantas que normalmente não podem ser polinizadas pelas abelhas. Os abelhões podem procurar alimento em condições climatéricas frias e desfavoráveis melhor do que as outras abelhas. A sua adaptabilidade a baixas temperaturas (5°C), a baixos níveis de luz, a dias nublados, enevoados e chuvosos e a sua capacidade de visitar mais flores por minuto e de polinizar as flores com uma corola longa tornam-nas mais eficientes do que a abelha melífera. Os zangões polinizam as flores através da **polinização por zumbido**, um movimento vibratório rápido que liberta grandes quantidades de pólen para a abelha.

Fig. 19 Abelha

A polinização por zumbido permite que um abelhão polinize uma flor numa única visita, ao passo que uma abelha melífera visita normalmente 7 a 10 vezes uma flor antes de esta estar completamente polinizada. Os abelhões são uma alternativa eficaz à polinização manual de mão de obra intensiva e bem adaptada à polinização natural de muitas espécies de culturas, como pepinos, pimentos, tomates, legumes, culturas de sementes, morangos, mirtilos, bagas de cana, melões e abóbora (Marja *et al.* 2018).

3. abelhas solitárias

As abelhas solitárias (Figura 20) são um grupo diversificado de himenópteros que, tal como o nome indica, vivem sozinhas, procurando pólen e néctar e polinizando muitas flores e culturas. Ao contrário das abelhas melíferas, não vivem em grandes colónias, não produzem mel e não picam. Apesar de estas várias espécies de abelhas polinizarem mais flores do que qualquer outro grupo de insectos, a sua morte é raramente mencionada, devido ao seu pequeno tamanho e falta de atratividade (Woodcock *et al.*, 2013; MacIvor, 2014).

Fig. 20 Abelha solitária

As abelhas são excelentes polinizadores que tendem a procurar alimento na área próxima dos seus ninhos e podem servir como polinizadores eficientes de pequenas hortas e pomares (Gathmann e Tscharntke, 2002).

4. Abelha-carpinteira

As abelhas carpinteiras (Figura 21) são consideradas polinizadores agrícolas potencialmente mais versáteis devido à sua vasta gama de plantas alimentares, à sua longa estação de atividade, à sua tolerância a temperaturas elevadas e à sua atividade sob baixos níveis de iluminação. Está presente nas regiões tropicais e subtropicais e, por vezes, também nas zonas temperadas. Como o seu nome sugere, as abelhas carpinteiras causam danos directos quando fazem túneis em estruturas humanas de madeira e podem causar danos indirectos no inverno, quando os pica-paus esculpem a madeira para chegar às abelhas, um alimento favorito. Na natureza, as abelhas carpinteiras promovem a decomposição da madeira morta, reciclando os nutrientes de volta para o solo.

Fig. 21 Abelha-carpinteira

As abelhas-carpinteiras apresentam um comportamento de zumbido durante a recolha de pólen. No entanto, ao contrário das abelhas melíferas e dos zangões, não existem castas de rainhas ou operárias, apenas machos e fêmeas individuais. Tal como outras abelhas nativas, as abelhas carpinteiras são importantes polinizadores em comunidades de plantas nativas, jardins e em algumas culturas (Sadeh *et al.*, 2007). Demonstram um serviço de polinização eficiente em estufas de tomate e melão, legumes e flores (Keasar 2010). A abelha apresenta um comportamento de territorialidade ou de traplining. No comportamento de territorialidade, as abelhas seleccionam flores ricas em nutrientes para obterem alimento ao longo da estação e os machos defendem as flores de intrusos. No comportamento de traplining, as abelhas percorrem uma longa distância durante a alimentação e recordam as regiões e os caminhos (Raju & Reddi, 2000).

5. Abelha-galo

Algumas outras abelhas Apidae notáveis no Missouri são as abelhas cuco (*Nomada* sp. e *Triepeolus* sp.), as abelhas de chifres longos (*Melissodes* sp. e *Svastra* sp.) (Figura 22) e a abelha-abóbora (*Peponapis pruinosa*) (Figura 23). A maior parte destas abelhas tem o corpo amarelo e preto estriado, coberto de pêlos, e todas elas são solitárias no solo. As abelhas cucos são parasitas que põem os seus ovos no interior dos ninhos de outras abelhas, não participando de forma alguma no cuidado da criação. Estas abelhas alimentam-se de néctar mas não recolhem pólen, pois não alimentam as suas crias. São muito parecidas com as vespas, com muito poucos pêlos no corpo, o que as torna polinizadoras menos eficientes. As abelhas de chifres longos são assim designadas devido às longas antenas dos machos. Muitas vezes de cor pálida, são importantes polinizadores de girassóis e margaridas (família Asteraceae). As abelhas-da-abóbora são polinizadores especializados de abóboras e abóboras (família Cucurbitaceae), o que as torna vitais para o cultivo destas plantas e de outras relacionadas (Galen *et al.*, 2018).

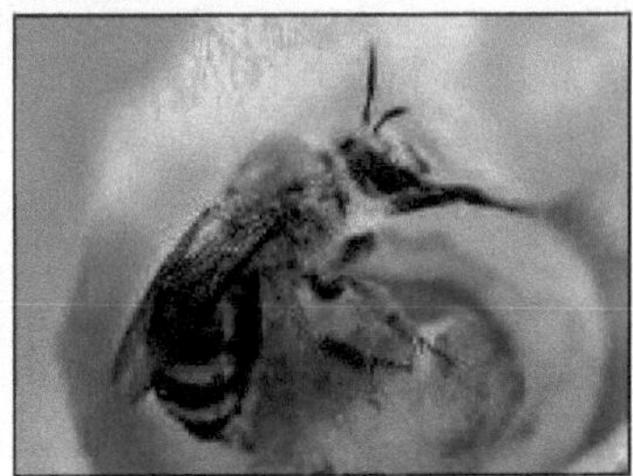

Fig. 22 Abelha de chifre comprido Fig. 23 Abelha da abóbora

6. Abelhas Megachilid

Algumas outras abelhas do Missouri pertencem à família Megachilidae, que inclui as abelhas cortadeiras (*Megachile* sp.) (Figura 24) e as abelhas pedreiras (*Osmia* sp.) (Figura 25). Estas abelhas são exclusivamente solitárias. Este grupo contém espécies polilécticas e oligolécticas. São únicas entre as abelhas, pois recolhem o pólen na parte inferior do abdómen e não em cestos nas patas traseiras.

Fig. 24 Abelha cortadora de folhas

Apesar de polinizarem as flores da mesma forma que as outras abelhas, são geralmente menos eficientes na sua alimentação, porque o pólen transportado na parte inferior do seu abdómen se desprende mais facilmente do que o transportado nas patas traseiras das outras abelhas. Este método ineficaz de transporte do pólen faz com que tenham de visitar mais flores para alimentar as suas crias, mas transferem mais pólen nesse processo. As abelhas cortadeiras de folhas são escuras com pêlos claros e o seu nome deve-se aos buracos circulares que fazem nas folhas das plantas. Utilizam estas secções de folhas para forrar os seus ninhos, que são geralmente cavidades em madeira apodrecida. As fêmeas põem um ovo em cada célula do ninho e abastecem as células com néctar e pólen. As crias eclodem, transformam-se em pupas e passam o inverno nestas cavidades, emergindo depois na primavera (Galen *et al.*, 2018).

As abelhas pedreiras são abelhas escuras com hábitos semelhantes aos das abelhas cortadeiras. As abelhas pedreiras fazem os seus ninhos em pequenas cavidades, como um buraco num caule oco de cana, que abastecem de néctar e pólen e onde depositam os seus ovos. Em seguida, selam as células com lama, o que lhes dá o nome. Tal como as abelhas cortadeiras, as jovens abelhas pedreiras eclodem, transformam-se em pupas e passam o inverno nestas células, emergindo depois na primavera. As abelhas pedreiro são também conhecidas como abelhas de pomar, porque são excelentes polinizadores de árvores de fruto e de outras flores de floração precoce (Galen *et al.*, 2018).

Fig. 25 Abelhas de pedreiro

7. Abelhas Halictides

Outro grupo comum de abelhas nativas do Missouri é a família Halictidae, as abelhas do suor (*Agapostemon* sp., *Halictus* sp. e *Lasioglossum* sp.) (Figura 26). As abelhas do suor são geralmente de cor amarela metálica ou verde e são muito mais pequenas do que a maioria das outras abelhas. São atraídas pela humidade e pelos sais do suor, pelo que pousam frequentemente nas pessoas, mas raramente picam.

Fig. 26 Bico de suor

Algumas espécies são solitárias, enquanto outras apresentam diferentes níveis de comportamento social. Os membros sociais desta família nidificam no subsolo em pequenas colónias de uma ou mais fêmeas que põem ovos e outras fêmeas que servem de operárias. Alguns dos seus descendentes tornam-se trabalhadores; outros acasalam e passam o inverno para emergirem como rainhas na primavera seguinte. Tal como as outras abelhas, as abelhas sudoríparas alimentam-se de néctar e pólen e polinizam as flores enquanto procuram alimento. A maioria são forrageadoras polilécticas. As abelhas

51

do suor também incluem as únicas espécies de abelhas crepusculares e nocturnas (Galen *et al.*, 2018).

8. Abelhas andrénidas

Outro grupo de abelhas nativas do Missouri é a família Andrenidae, que inclui as abelhas mineiras (*Andrena* sp.) (Figura 27). As abelhas mineiras são geralmente escuras com riscas avermelhadas. São solitárias e nidificam no solo. As fêmeas escavam um túnel no solo ao longo do qual criam células onde põem os ovos. Cada célula é abastecida de néctar e de pólen e depois selada. As crias desenvolvem-se e passam o inverno nestas células e emergem na primavera seguinte. As abelhas mineiras são geralmente oligolécticas e, tal como as outras abelhas, polinizam as flores no processo de procura de néctar e pólen (Galen *et al.*, 2018).

Fig. 27 Abelha mineira

9. Abelhas colêmbolos

A família Colletidae é o último grupo de abelhas nativas do Missouri, incluindo as abelhas mascaradas (*Hylaeus* sp.) (Figura 28) e as abelhas de poliéster (*Colletes* sp.) (Figura 29). Estas abelhas são solitárias e nidificam no solo. São geralmente escuras com riscas brancas ou amarelas. As abelhas mascaradas põem os seus ovos em cavidades que revestem com um material semelhante ao celofane. As abelhas poliéster põem os seus ovos em longos túneis que escavaram e forraram com poliéster. A maioria das abelhas desta família poliniza as flores no processo de procura de néctar e pólen; no entanto, as abelhas mascaradas transportam o néctar e o pólen internamente, o que significa que não ajudam na polinização. Esta família contém espécies polilécticas e oligolécticas (Galen *et al.*, 2018).

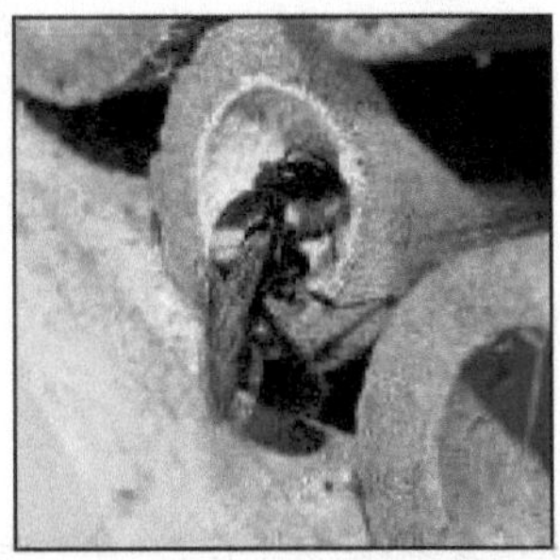

Fig. 28. Abelha mascarada (*Hylaeus* sp.).

Fig.29. Abelha poliéster (*Colletes* sp.)

5.1.1.2. Vespas

As vespas são polinizadores muito importantes. A polinização por vespas é conhecida como **esfecofilia** (Figura 30). As vespas são insectos da mesma ordem Hymenoptera que as abelhas e as formigas. As vespas mais conhecidas pertencem a um grupo chamado Aculeata. A palavra "Aculeata" refere-se à caraterística que define o grupo, a modificação dos seus ovipositores em ferrões, mas nem todos os membros de Aculeata picam. Em alguns membros, o ovipositor é modificado para uma função diferente, como a postura de ovos ou foi totalmente perdido. Este grupo é maioritariamente predador ou parasita.

Fig. 30 Esfecofilia

O papel que as vespas (famílias Vespidae, Crabronidae, Mutillidae, Sphecidae, Scoliidae, Chrysididae, Tiphiidae, Siricidae, Leucospidae e Pompilidae) desempenham na polinização é menos claro do que o das abelhas. As vespas parecem-se com as abelhas mas são menos eficientes na polinização das flores porque não têm pêlos felpudos nem uma parte do corpo especial para armazenar o pólen como as abelhas. Apenas algumas espécies de vespas podem transportar o pólen sem estas características (www.fs.usda.gov/wildflowers/pollinators/animals/wasp.shtml).

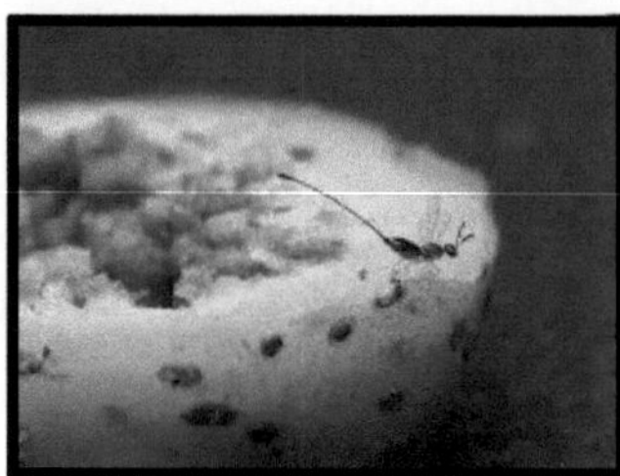

Fig. 31 Vespa da figueira

As vespas do figo (Figura 31), responsáveis pela polinização de centenas de espécies de figos, são evitadas por outros polinizadores (Weiblen, 2002). Porque o figo contém uma flor única no interior do fruto imaturo, não visível e pouco atractiva. Estas espécies de plantas podem utilizar o odor para atrair seletivamente os seus polinizadores (Shuttleworth e Johnson 2009). Estas vespas entram através de um pequeno poro para acasalar, pôr ovos e polinizar as pequenas flores no seu interior. Embora a contribuição das vespas na polinização seja pequena, não deixam de ser benéficas, sendo parasitóides ou predadores que se alimentam de artrópodes e ajudam a controlar as pragas (Cook e Segar, 2010).

5.1.1.3. Formiga

As formigas são geralmente ineficientes como polinizadores. A polinização por formigas é designada por **Myrmecophily** (Figura 32). Além disso, a interação entre as flores e as formigas pode ser antagónica ou mutualista. As formigas formam um grande grupo de insectos sociais que são grandes apreciadores de néctar. Estes insectos atarefados são frequentemente observados a visitar flores para recolher néctar rico em energia. As formigas são visitantes frequentes das angiospérmicas, provavelmente os himenópteros mais importantes do ponto de vista ecológico são as formigas, podendo observar-se operárias de muitas espécies de formigas a visitar plantas com flores e a recolher néctar.

Fig. 32 Myrmecophily

Assim, parece surpreendente que a polinização de flores por este grupo de visitantes raramente tenha sido registada. Dois terços de todas as angiospérmicas são polinizadas por insectos. Do lado dos insectos, tem-se assumido que as formigas, devido ao seu pequeno tamanho, podem explorar o néctar sem tocar nas anteras ou no estigma de uma flor, actuando assim como ladrões de néctar. Algumas formigas não são polinizadores importantes, embora visitem as flores e possam ter grãos de pólen agarrados aos seus corpos. Estes cientistas descobriram que algumas formigas e as suas larvas segregam uma substância natural que actua como um antibiótico. Esta secreção protege as formigas de infecções bacterianas e fúngicas. Infelizmente para as flores que são visitadas por estas formigas, esta secreção também mata muito rapidamente um grão de pólen quando este entra em contacto com este antibiótico natural (Proctor *et al.*, 1996).

As formigas visitam flores discretas, de crescimento baixo, posicionadas perto do caule. Exemplos de plantas polinizadas por formigas na América do Norte incluem a erva-pedra-pequena (*Diamorpha smallii*), a erva-prego alpina (*Paronychia pulvinate*) e a erva-nervosa de Cascade (*Polygonum cascadense*).

Flores de formiga

As flores que são visitadas pelas formigas são tipicamente,

> ➤ Baixo crescimento
> ➤ Têm uma flor pequena e discreta
> ➤ As flores estão próximas do caule

Guardiões das formigas

Muitas plantas tropicais têm néctar fora das flores para atrair as formigas. Estas plantas contam com as capacidades defensivas (mordedura e picada) das formigas para as proteger de vários tipos de ataques de outros insectos, incluindo os ladrões de néctar (www.fs.usda.gov/wildflowers/pollinators/animals/ant.shtml).

5.1.2. Dípteros

Os insectos dípteros são polinizadores importantes, mas negligenciados. Muitas espécies de moscas são pragas, embora menos trabalhadores se tenham apercebido de que são benéficas para a humanidade devido às suas actividades, incluindo o biocontrolo, o alimento de outras espécies importantes como as aves e os peixes, como decompositores e condicionadores do solo, indicadores da qualidade da água e como polinizadores. As espécies de dípteros são bons polinizadores de mais de 550 espécies de plantas com flor.

As moscas são provavelmente a segunda ordem mais comum de visitantes florais (depois dos himenópteros). Na literatura, foram registados visitantes de moscas de pelo menos 71 famílias de Diptera em flores de 137 famílias de plantas (compilação de Inouye). As famílias Syrphidae (moscas-dos-paus), Bombyliidae (moscas-das-abelhas) e Muscidae são especialmente comuns como visitantes florais. Nas zonas tropicais, a diversidade de Diptera visitantes de flores pode rivalizar ou exceder a dos Hymenoptera. Nalgumas partes do mundo, incluindo as Ilhas Faroé, a Nova Zelândia e a Austrália, onde as abelhas não existem ou são relativamente raras, as moscas preencheram esse nicho ecológico de polinizadores (Inouye, 2007).

A polinização por moscas (**Myophily**) (Fig. 33) é economicamente importante; nas áreas tropicais, as moscas são os principais polinizadores do cacau e também polinizam a manga, o caju e o chá. Roubik (1995) apresenta uma lista de polinizadores de 785 espécies de plantas cultivadas nas regiões tropicais, e 26-31 destas plantas são aparentemente polinizadas apenas por moscas, 32-33 por moscas como polinizadores primários, e 87-101 mais por moscas como polinizadores secundários.

Fig. 33 Miofilia

Na Europa, as moscas são utilizadas comercialmente para polinizar culturas protegidas de cebola, cebolinho, cenoura, morango e amora. Tanto nas zonas tropicais como nas zonas temperadas, as moscas parecem ser mais importantes como polinizadores do que tem sido geralmente reconhecido, sendo necessária mais investigação sobre elas. Para além das moscas visitantes de flores mais especializadas, as moscas da carniça e do estrume são polinizadores de algumas plantas, numa categoria de polinização denominada **sapromiofilia** (Inouye, 2007).

A base de atração das moscas são as fragrâncias florais que imitam carne ou estrume em decomposição e, normalmente, as moscas não recebem qualquer recompensa nutricional pelas suas visitas. Algumas das flores mais espectaculares do mundo são polinizadas por moscas, como a inflorescência do lírio-titã (*Amorphophallus*, que não é realmente um lírio), que pode atingir 3 metros de altura e é chamado de lírio-cadáver devido ao seu odor temível; atrai e é polinizado por moscas. Outro exemplo é a maior flor do mundo, a *Rafflesia*, encontrada no Bornéu, que pode atingir um metro de diâmetro e cheira a carne podre.

Os dípteros que se alimentam de sangue, como os mosquitos e as moscas mordedoras (Tabanidae; mutucas, moscas-dos-cavalos) são também, por vezes, polinizadores, atraídos para as flores pelo néctar que estas oferecem. Os mosquitos são conhecidos polinizadores de orquídeas de pântano, *Habenaria obtusata* (Figura 34). Uma mosca tabanídea da África do Sul, que visita flores com tubos de corola longos, tem um comprimento de probóscide até 35 mm, enquanto que outra espécie da família Nemestrinidae tem uma probóscide até 57 mm (moscas com a probóscide dobrada debaixo do corpo e saliente atrás) (Inouye, 2007).

Fig. 34 Mosquito

Como polinizadores, é provável que as moscas representem uma boa alternativa ou uma opção suplementar às abelhas, uma vez que diferentes espécies estão presentes durante todo o ano e visitam frequentemente as flores para se alimentarem de néctar e/ou pólen, a fim de apoiarem funções biológicas fundamentais, incluindo o voo e a reprodução. Sendo peludas, também apanham e transportam o pólen de uma grande variedade de flores. Os táxones de moscas são muito variáveis no que diz respeito ao tamanho do corpo, que pode ser adaptado à morfologia floral de uma cultura-alvo para polinização, quer através da seleção de espécies, quer dentro da espécie, manipulando a nutrição da fase larvar. Além disso, alguns taxa de moscas já são facilmente criados em massa com insumos razoavelmente baixos, requisitos de saúde e segurança geríveis e apresentam um risco negligenciável de transmissão de doenças aos polinizadores selvagens existentes quando criados em condições de colónias seleccionadas. Além disso, não picam os trabalhadores agrícolas (Cook *et al.*, 2020).

Quadro 9. Lista de insectos visitantes de flores de Diptera em diferentes tipos de plantas

Família	Nome científico	Família	Nome científico
Agromyzidae	*Phytomyza horticola*	**Anthomyiidae**	*Helina uliginosa*
Asilídeos	*Neoitamus angusticornis*	**Conopídeos**	*Asiconops opinus* *Mxopa Testacea*
Bibionídeos **Bombyliidae**	*Bibio pseudoclavipes* *Bibio rufiventris* *Bibionidae* sp. *Penthetria japonica* *Bombyliidae* sp. *Bombylius shibakawae*	**Drosophilidae**	*Drosophila bifasciata* *Drosophila busckii* *Drosophila melanogaster* *Drosophila quadrivittata* *Drosophila* sp. *Drosophila trilineata* *Leucophenga orientalis* *Lordiphosa clarofinis* *Mycodrosophila planipalpis* *Scaptodrosophila coracina* *Scaptomyza graminum*

Calliphoridae	*Aldrichina* sp. *Calliphora lata* *Calliphora vicina* *Calliphora vomitoria* *Hemipyrellia ligurriens* *Lucilia ampullacea* *Lucília César*	Dolichopodidae	*Dolichopus nitidus*
Cecudimyiidae	*Diartronomyia hypogaea*	Dryomyzida	*Stenodryomyza formosa*
Ceratopogonídeos	*Culicoides amamiensis* *Dasyhelea scutellata* *Forcipomyia albiradialis* *Microchrysa flaviventris* *Palpomyia distincta* *Ptecticus matsumurae*	Muscídeos	*Fannia prisca* *Musca doméstica* *Muscina stabulans* *Ophyra leucostoma* *Orthellia coerulea* *Polietes lardaria* *Pyrellia vivida*
Chironomidae	*Cricotopus metatibialis* *Cricotopus trifasciatus* *Tanypus punctipennis*	Mycetophilidae	*Monoclona braueri* *Symmerus antennalis*
Nemestriníceos	*Hirmoneura orientali*	Phoridae	*Phoridae* sp.
Pipunculídeos	*Pipunculus kumamotoensis*	Psychodidae	*Psychodidae* sp.
Pyrgotidae	*Eupyrgota fusca*	Sarcophagidae	*Helicophagella melanura* *Parasarcophaga albiceps*
Sauxaniidae	*Sauxaniidae* sp.	Tabanidae	*Tabanus chrysurus*
Scathophagidae	*Scatophaga stercoraria*	Therevidae	*Dialineura albata*
Sciaridae	*Sciaridae* sp.	Tipulidae	*Tipula nova* *Tipula patagiata*
Sepsídeos	*Sepsidae* sp.	Tefritídeos	*Bactrocera dorsalis* *Dacus depressus* *Ensina sonchi* *Tephritidae* sp.
Tachinidae	*Dexia flavipes* *Tachina luteola*	Syriphidae	*Helophilus virgatus* *Syrphidae* sp. *Allograpta balteata*

			Baccha maculata
			Cheilosia sp.
			Chrystoxum sp.
			Dasysyrphus albostriatus
			Didea alneti
			Eristalinus sepulchralis
			Eristalis arbustorum
			Eristalis cerealis
			Eristalis sp.
			Eristalis tenax
			Eupeodes frequens
			Helophilus eristaloidea
			Helophilus sapporensis
			Helophilus sp.
			Helophilus virgatus
			Lathyrophthalmus viridis
			Mallota tricolor
			Melangyna compositarum
			Melanostoma escalar
			Merodonte sp
			Mesembrius flaviceps
			Metasyrphus corollae
			Paragus coreanus
			Paragus joznus
			Paraquedas tibial
			Paraus politus
			Pipiza austriaca
			Pipiza flavimaculata
			Metasyrphus frequens
			Microdon caeruleus

Fonte: Choi e Jung (2015)

5.1.2.1. Calliphoridae (Moscas varejeiras)

Os califorídeos têm uma distribuição mundial, com mais de 1.000 espécies e aproximadamente 150 géneros descritos e, embora existam poucas provas empíricas, são considerados polinizadores importantes a nível mundial. Os califorídeos visitam uma vasta gama de plantas com flor, incluindo muitas culturas, e podem polinizar uma grande variedade de flores, tendo sido observados na natureza com grandes quantidades de pólen no seu corpo. Significativamente, as moscas varejeiras possuem uma variedade de características morfológicas que são tipicamente associadas a capacidades de polinização bem sucedidas.

Fig. 35 Moscas varejeiras

A maioria das moscas varejeiras tem uma probóscide extensa com peças bucais esponjosas ou de lamber que requerem um amplo contacto da cabeça e da parte superior do corpo da mosca com o interior da flor. Muitas das flores produzidas por culturas de interesse são acessíveis às moscas varejeiras; o néctar do abacate, por exemplo, é facilmente acedido pelas peças bucais de *Ch. Megacephala*.

Os Calliphoridae (moscas varejeiras) (Figura 35) têm também numerosas cerdas corporais (pêlos), muitas vezes de importância diagnóstica, que variam em densidade e localização consoante o tipo de espécie. A pilosidade das partes do corpo em contacto com o pólen é provavelmente um bom indicador da carga polínica (a quantidade de pólen livre aderente ao corpo do inseto) e facilita potencialmente a deposição de pólen quando considerada no contexto da interação inseto-flor. Nos califorídeos, existem cerdas extensas na cabeça e no tórax, o que permite a captura e transferência de pólen entre flores.

O tamanho e a forma relativamente robustos do corpo dos califorídeos, em comparação com outros táxons de moscas mais delgados e delicados, também podem melhorar a polinização, aumentando potencialmente a área de superfície do corpo que entra em contacto com o pólen e as superfícies estigmáticas durante a alimentação. Além disso, o seu maior peso, semelhante ao das abelhas melíferas, pode desencadear o acesso a pólen ou néctar escondidos em algumas espécies de plantas (Lutz *et al.*, 2018).

5.1.2.1. Syrphidae (Moscas-dos-paus)

Syrphidae (moscas-das-flores e moscas-dos-bolbos) (Figura 36) é uma das maiores famílias de dípteros, com mais de 6000 espécies descritas a nível mundial. Os syrphídeos obtêm a maior parte, se não a totalidade, dos seus recursos enquanto adultos a partir das flores, visitando-as para obter néctar e pólen. A família Syrphidae representa uma gama diversificada de histórias de vida, com as larvas de muitas espécies a terem um benefício adicional para as indústrias hortícolas como predadores de insectos pragas como os afídeos. Assim, alguns syrphids são considerados polinizadores importantes quando adultos e agentes de biocontrolo importantes quando larvas. Os zangões, que pertencem ao género *Eristalis* da família Syrphidae, imitam as abelhas e demonstraram ter potencial para a polinização à escala comercial, particularmente em pomares, culturas de sementes e estufas. O segundo grupo de polinizadores mais importante a seguir às abelhas, existe uma escassez de dados pormenorizados sobre a biologia específica das espécies e as capacidades de polinização dos syrphids.

Fig. 36 Moscas flutuantes

Consideradas forrageadoras generalistas, as capacidades de polinização dos syrphid são provavelmente limitadas por restrições morfológicas relacionadas com o tamanho e a forma das flores. As peças bucais das moscas são tipicamente curtas e não especializadas em comparação com o longo aparelho de alimentação das abelhas, o que sugere uma preferência por flores com acesso mais aberto aos recursos florais (Gilbert 1981). *Ep. Balteatus* demonstrou uma preferência por flores com uma corola curta (<3 mm de profundidade), outras espécies como *Eupeodes corolla* Fabricius 1794 (Syrphidae) foram mais generalistas na sua preferência floral, frequentando tanto flores com corolas longas como curtas.

Em comparação com a maioria dos califorídeos, a mosca-dos-pirralhos tem um tamanho corporal pequeno a médio. O tamanho do corpo é considerado um fator importante que influencia a dieta dos sirfídeos, estando a largura da cabeça frequentemente correlacionada com o comprimento da probóscide e indicando a capacidade de um táxon aceder aos recursos florais. Gilbert (1981) referiu que os táxones maiores de sirfídeos se alimentavam mais frequentemente de néctar do que os táxones mais pequenos, o que favorecia a alimentação com pólen durante a visita às flores. Potencialmente, os taxa maiores obtêm energia do néctar e proteínas do pólen em consequência de necessidades metabólicas mais elevadas do que as espécies mais pequenas. Com o açúcar também presente no pólen, os taxa mais pequenos, com necessidades energéticas comparativamente mais baixas, podem potencialmente adquirir energia e proteínas suficientes para a reprodução apenas com a alimentação de pólen. O tamanho do corpo também influencia o comportamento de procura de alimento, uma vez que os taxa mais pequenos de syrphid preferem inflorescências de flores grandes. Esta preferência pode ajudá-los a obter os seus recursos num único local, optimizando a utilização individual de energia envolvida na atividade de procura de alimentos. Sendo uma espécie maior de syrphid, *E. tenax* tem um interesse considerável como agente de polinização.

Muitos sirfídeos estão cobertos de finos pêlos amarelos, que contribuem para as propriedades de reflexão térmica da cutícula do inseto e ajudam no equilíbrio térmico. A pilosidade do inseto é provavelmente indicativa do seu potencial de polinização, embora não existam atualmente medidas comparativas e empíricas da pilosidade entre taxa. No sílfide relativamente peludo, *E. tenax*, as partículas de pólen ficam presas nos pêlos do corpo antes de serem transferidas pelo pente para as cerdas que retêm o pólen e, eventualmente, ingeridas. Embora o pólen seja consumido pelos syrphids, o processo de recolha e também o comportamento de alimentação direta das anteras resulta inevitavelmente na transferência de pólen de uma flor para outra através do contacto com as cerdas e a superfície do inseto durante a recolha e a alimentação (Klecka *et al.*, 2018).

Flor de mosca

As flores que são polinizadas por moscas são tipicamente,

- ✓ De pálido e baço a castanho escuro ou púrpura
- ✓ Por vezes com manchas translúcidas
- ✓ Ordem pútrida, como carne podre, carniça, esterco, humas, seiva e sangue
- ✓ Guias de néctar não presentes
- ✓ Produzir pólen

✓ As flores são do tipo funil ou armadilhas complexas (www.fs.usda.gov/wildflowers/pollinators/animals/flies.shtml).

Taxa de moscas associadas às culturas hortícolas

Foram registadas visitas de moscas de 86 famílias de Diptera às flores de mais de 1100 espécies diferentes de plantas. Nem todas estas visitas contribuem necessariamente para a polinização, mas a diversidade e a frequência das associações observadas indicam a provável contribuição de numerosas espécies de moscas para a polinização global das plantas. Em termos de produção agrícola de alimentos, muitas espécies de moscas estão especificamente envolvidas na polinização de culturas e são conhecidas por aumentarem os rendimentos. No quadro 9, foram registadas numerosas famílias de moscas que visitam as culturas hortícolas (Cook *et al.*, 2020).

Tabela 9. Lista de moscas polinizadoras e das culturas polinizadas

S.N.	Polinizadores de moscas	Culturas
1	**Anthomyiidae (Moscas das flores)**	
	Delia sp.	Pak Choi
	Delia platura	Pak Choi
	Anthomyia punctipennis	Cenoura, Cebola, Pak Choi
2	**Bombyliidae (Moscas-das-abelhas)**	Cenoura
	Comptosia ocellate	
3	**Calliphoridae (Moscas varejeiras)**	Abacate, Mirtilo, Couve de Bruxelas, Cenoura, Macadâmia, Manga, Cebola
	Calliphora sp.	Abacate, Macadâmia, Manga, Cebola
	Calliphora vicina	Abacate, Cenoura, Lurcerne, Alho francês, Cebola, Pak Choi
	Calliphora stygia	Abacate, Cebola, Pak Choi
	Calliphora augur	Abacate
	Calliphora albifrontalis	Abacate, mirtilo
	Chrysomya sp.	Manga
	Chrysomya megacephaly	Manga

	Chrysomya saranea	Manga
	Chrysomya rufifacies	Abacate, Manga
	Chrysomya varipes	Abacate
	Lucilia sericata	
	Lucilia cuprina	Abacate
4	**Muscidae (Moscas domésticas)**	
	Musca domestica	Manga, cebola, alho francês
	Hydrotaea rostrata	Cebola, Pak Choi
	Spilogona sp.	Pak Choi
5	**Rhiniidae (Moscas do nariz)**	Abacate
	Stomorhina discolour	Abacate, Macadâmia, Manga
	Stomorhina xanthogaster	Manga
6	**Sarcophagidae (Moscas da carne)**	Manga, Cebola
	Oxysarcodexia varia	Cebola, Pak Choi
7	**Stratiomyidae (Moscas-soldado)**	
	Odontomyia sp.	Pak Choi
	Odontomyia atrovirens	Pak Choi
8	**Syrphidae (Moscas-dos-paus)**	Abacate, Lichia, Macadâmia, Manga, Cebola, Morango
	Eristalis spp (moscas-dos-drones)	Manga
	Eristalinus hervebazini	Manga
	Eristalis tenax	Arando, Cenoura, Manga, Abacate, Pimentos
	Melangyna spp.	Cenoura, Manga, Abacate
	Mesembrius bengalensis	Manga

	Simosyrphus grandicornis	Abacate
9	**Tachinidae (Moscas das cerdas)**	
10	**Tabanidae (Moscas-dos-cavalos)**	Abacate, Pak Choi, Cebola
	Scaptia sp.	Pak Choi, Cebola

5.1.3. Lepidópteros

Os Lepidoptera (borboletas e traças), em consequência dos seus dois estilos de vida distintos - larvas primariamente herbívoras e adultos que normalmente visitam as flores - têm relações dicotómicas com as plantas (Inouye, 2007). No total, estão atualmente descritas cerca de 180 000 espécies de Lepidoptera, que representam aproximadamente 10% de todas as espécies de insectos conhecidas. Os lepidópteros foram reconhecidos como um dos grupos mais comuns de visitantes de flores (Fig. 37). Contudo, nem todos os lepidópteros visitantes de flores são polinizadores. Embora se saiba que várias espécies de lepidópteros tocam nos estames e podem transferir pólen, foram efectuadas poucas investigações para determinar a sua função de polinizadores (Hahn, M. & Brühl, C.A.).

Ao contrário das abelhas, os lepidópteros não procuram normalmente o pólen e não possuem quaisquer características físicas especializadas concebidas para a polinização. Enquanto se alimentam de néctar, as borboletas e as traças apanham involuntariamente pólen nas patas, na probóscide ou no corpo e transferem-no de flor em flor, ajudando no processo de polinização. Embora as borboletas e as traças não sejam polinizadores eficientes, o grande número de flores que podem visitar ajuda-as a serem polinizadores eficazes, e algumas plantas dependem de
exclusivamente para se reproduzirem (EPRI, 2022).

5.1.3.1. Polinização por borboletas

A polinização por borboleta chama-se **psicofilia** (Figura 37). As borboletas são diurnas (voam durante o dia) e são atraídas para se alimentarem de flores de cores vivas com cabeças grandes que lhes servem de almofadas de aterragem. As borboletas são altamente atraídas pela cor e pelo cheiro e, como tendência, as flores das borboletas são mais pequenas, mas agrupadas, produtoras de néctar abundante e visivelmente coloridas (EPRI, 2022).

Fig. 37 Psicofilia

As borboletas são menos eficientes do que as abelhas na deslocação do pólen entre as plantas. Muito empoleiradas nas suas pernas longas e finas, não recolhem muito pólen no seu corpo e não possuem um sistema especializado para o recolher. As borboletas procuram o néctar, o seu voo, o combustível e, normalmente, preferem as flores planas e agrupadas que proporcionam uma plataforma de aterragem e recompensas abundantes. As borboletas têm uma boa visão mas um olfato fraco. Ao contrário das abelhas, as borboletas conseguem ver o vermelho (www.usda.gov).

A cor das flores preferida pelos lepidópteros para a sua formação

Nas famílias de Lepidoptera, foram observados membros de Hesperidae, Pieridae e Lycanidae em todas as sete flores de cores diferentes. Os Nymphalidae e os Noctuidae nunca foram observados em flores vermelhas. O mesmo se aplica aos Zyganidae. As mariposas Sphingidae foram observadas em três flores de cores diferentes - branca, cor-de-rosa e púrpura. As borboletas Papilionidae ocorreram apenas em flores cor-de-rosa e amarelas (Yurtsever *et al.*, 2010).

Flores de borboleta

As borboletas visitam normalmente flores que são

- ✓ Em grupos e fornecer plataformas de aterragem
- ✓ Cores vivas (vermelho, amarelo, laranja)
- ✓ Aberto durante o dia
- ✓ Amplos produtores de néctar, com o néctar profundamente escondido
- ✓ Guias Nectar presentes

✓ Podem ser grupos de pequenas flores (goldenrods, Spirea)

5.1.3.2. Polinização por traças

A polinização por traça é conhecida como **Falenofilia** ou **Asfingifilia** (Figura 38). Embora algumas mariposas voem durante o dia, em geral as mariposas são polinizadores noturnos, atraídos pelas flores que abrem ao entardecer ou à noite. As flores polinizadas por traças são tipicamente muito perfumadas e de cor mais clara.

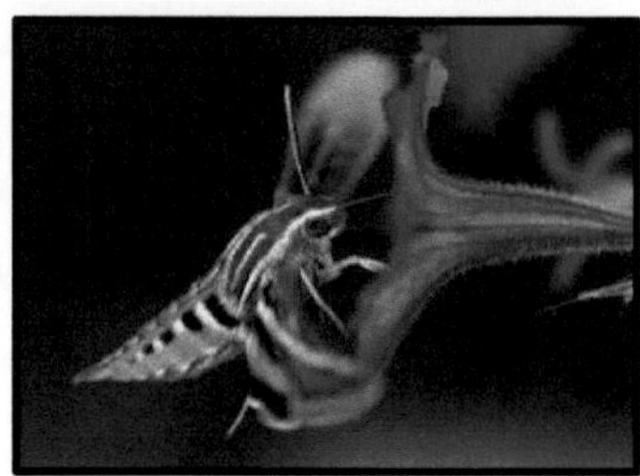

Fig. 38 Asfingifilia

Estas características permitem que estas flores atraiam traças à noite, uma vez que as flores de cor mais clara reflectem melhor o luar (EPRI, 2022). Depois de escurecer, as traças e os morcegos assumem o turno da noite para a polinização. As flores nocturnas com flores pálidas ou brancas, carregadas de perfume e com néctar abundante e diluído, atraem estes insectos polinizadores. Nem todos os polinizadores de traças são noturnos, algumas traças também são activas durante o dia. Algumas mariposas pairam sobre as flores que visitam, enquanto outras pousam.

Flor de traça

As flores que são visitadas pelas traças são tipicamente,

✓ Em cluster e fornecer plataformas de aterragem

✓ Branco ou cores baças

✓ Aberto ao fim da tarde ou à noite

✓ Amplos produtores de néctar, com o néctar profundamente escondido, como a glória-da-manhã, o tabaco, a mandioca e a gardénia.

Duas famílias de traças destacam-se como polinizadores. Uma é a das mariposas gavião (Sphingidae; também chamadas mariposas esfinge), e a outra é a das mariposas noctuídeas (Noctuidae; a maior família da ordem Lepidoptera). As mariposas-falcão são aves fortes e ágeis que mantêm temperaturas corporais muito elevadas (por exemplo, até 46^0 C) durante o voo. Algumas espécies diurnas são facilmente confundidas com beija-flores (e.g., a traça-dos-beija-flores europeia, *Macroglossum stellatarum* (Figura 39)). Algumas mariposas-falcão são migratórias e (em gerações sucessivas) podem deslocar-se centenas de quilómetros durante um verão na América do Norte. As traças-falcão incluem os polinizadores com as línguas mais longas conhecidas; a maioria destas espécies extraordinárias encontra-se em Madagáscar (Inouye, 2007).

Fig. 39 Traça do colibri europeu

Darwin mediu esporões de néctar em algumas orquídeas de Madagáscar com 29 cm de comprimento e concluiu que deviam existir traças com probóscide do mesmo comprimento. Quarenta anos mais tarde, previu que tinha sido encontrada uma traça-falcão com uma probóscide que atingia mais de 24 cm nalguns indivíduos, à qual foi dado o nome de *Xanthopan morgani praedicta*. Em Madagáscar, existe, de facto, uma grande associação de mariposas-falcão de língua comprida e flores com comprimentos de corola correspondentes. Algumas mariposas noctuídeas são migradoras de longa distância, voando distâncias que chegam a 1600 km. Há relatos de uma espécie que percorre até 1000 km num dia, quando migra dos Estados Bálticos para a Grã-Bretanha (Inouye, 2007).

Traça da mandioca

A planta da mandioca depende da traça da mandioca para a sua sobrevivência e perpetuação das plantas de mandioca. O pistilo de cada flor termina num estigma com três lóbulos. Para que a polinização ocorra, massas de pólen devem ser forçadas para dentro desse orifício estigmático central. A fêmea da traça da mandioca recolhe o pólen das anteras das flores utilizando as suas peças bucais especialmente adaptadas. Ela forma uma bola com o pólen pegajoso. A bola de pólen é então "recheada" ou "penteada" no estigma das várias flores, sua visita. Sem este processo, a flor da mandioca não se desenvolverá em frutos ou vagens com sementes.

Fig. 40 Traça da mandioca

Quando a fêmea da traça da mandioca (Figura 40) visita a flor, recua até à base da flor e insere o seu ovipositor para pôr um ovo numa ou mais das seis câmaras. A câmara protege o ovo durante o seu desenvolvimento. Quando o ovo eclode e se transforma numa lagarta microscópica, a mandioca começa a desenvolver uma vagem com pequenas sementes. Tanto a mandioca como a traça da mandioca beneficiam desta relação.

Tabela 10. Lista de insectos Lepidoptera visitantes de flores em diferentes tipos de plantas

FAMÍLIA	NOME CIENTÍFICO	FAMÍLIA	NOME CIENTÍFICO
Adelídeos	*Nemophora staududingerella*	Geometrídeos	*Baptria tibiale* *Obeidia tigrata*
Hesperiidae	*Bibasis aquilina* *Hesperia florinda* *Lobocla bifasciata*	Hesperiidae	*Ochlodes venatus* *Thymelicus leoninus*
Lycaenidae	*Celastrina argiolus* *Japonica lutea* *Lycaeides argyronomon* *Lycaena phlaeas* *Maculinea teleus* *Pseudozizeeria maha* *Rapala caerulea*	Papilionídeos	*Atrophaneura alcinous* *Papilio maackii* *Papilio macilentus* *Papilio Xuthus*
Nymphalidae	*Araschnia burejana* *Argynnis paphia*	Pierídeos	*Anthocharis scolymus* *Artogeia canidia*

	Argyronome ruslana		*Artogeia melete*
	Brenthis ino		*Artogeia napi*
	Clossiana selene		*Artogeia rapae*
	Cyntia cardui		*Colias erate*
	Fabriciana pallescens		*Eurema laeta*
	Kaniska canace		*Gonepteryx aspasia*
	Limenitis camilla		*Gonepteryx rhamni*
	Melanargia epimede		*Leptidea amurensis*
	Mimathyma schrenckii		
	Neptis sappho		
	Parantica sita		
	Polygonia c-aureum		
	Ypthima argus		
	Ypthima motschulskyi		
	Ypthima amphithea		
Zygaenidae	*Alataea octomaculata*		

Fonte: Choi e Jung (2015)

5.1.4. Coleópteros

Como polinizadores de flores, os Coleoptera são menos importantes do que os Hymenoptera, Diptera ou Lepidoptera. Do número total de espécies descritas, a maioria é largamente impedida de visitar as flores devido às suas formas ou hábitos; muitas são predadoras tanto na fase larvar como na fase adulta, ou são necrófagas; outras são nocturnas, ou aquáticas, ou ocorrem principalmente no solo, à espreita debaixo de pedras e tábuas, ou vivendo nos ninhos de outras ordens de insectos, enquanto as formas redondas ou elípticas com pernas curtas e as espécies muito grandes estão mal adaptadas à antofilia. A polinização por escaravelhos é conhecida como **cantarofilia** (Figura 41). Polinização por escaravelhos das famílias Apionidae, Buprestidae, Cerambycidae, Chrysomelidae, Curculionidae, Glaphyridae, Mordellidae, Nitidulidae, Scarabaeidae e Staphylinidae (John *et al.*, 1915) .

No entanto, a polinização por escaravelhos evoluiu em muitas plantas caracterizadas por flores em forma de taça (que servem frequentemente como locais de encontro para o acasalamento) que apresentam o pólen como recompensa principal. Os escaravelhos pertencem à ordem mais diversa de insectos, e os sistemas de polinização especializados estão a tornar-se mais evidentes, nos quais as plantas apresentam características florais associadas à polinização por certos tipos de escaravelhos (Armstrong e Irvine 1989). Por exemplo, a polinização por escaravelhos cetoniíneos

(Scarabaeidae: Cetoniinae) é comum nas regiões tropicais e está associada a flores abertas em forma de taça que emitem odores fortes (Bernhardt 2000).

Os coleópteros, que representam a maior ordem de insectos e estão entre os primeiros insectos que visitam as flores na história, não recebem a mesma admiração dos entusiastas dos polinizadores e dos paparazzi. No entanto, ainda hoje, os escaravelhos são considerados polinizadores essenciais; e são especialmente importantes polinizadores de algumas das primeiras plantas com flor a evoluir, como as magnólias e os espinheiros. Os escaravelhos são atraídos principalmente por flores que emitem odores almiscarados, levedados, picantes, podres ou fermentados.

Fig. 41 Cantarofilia

Acontece que as flores de espinheiro e de magnólia contêm pólen picante e produzem óleos aromáticos, respetivamente, cada um dos quais serve de isco para os seus polinizadores (Hooks e Espindola, 2020).

5.1.4.1. História dos escaravelhos como polinizadores

Os escaravelhos têm sido um grupo predominante de visitantes florais e polinizadores desde muito cedo na evolução das plantas. Os escaravelhos têm vindo a evoluir há cerca de 250 milhões de anos e são reconhecidos entre os primeiros insectos que actuam como polinizadores de plantas com flor. De facto, até há pouco tempo, muitos escaravelhos e outros insectos eram identificados como polinizadores de plantas sem flor (por exemplo, coníferas, ginkgos, cicadáceas). No entanto, muitos fósseis antigos indicam que as plantas actuais, que são sobretudo polinizadas pelo vento, dependiam fortemente dos insectos para a polinização no passado. É interessante notar que um estudo muito recente de escaravelhos fósseis encontrados em âmbar forneceu o relato mais antigo da polinização de plantas com flor. Neste estudo, verificou-se que quatro espécies diferentes de escaravelhos extintos, que viveram há 99 milhões de anos, transportavam pólen de plantas com e sem flor. Enquanto o pólen de plantas não floríferas correspondia a diferentes espécies de cicadáceas, o pólen de plantas floríferas pertencia a uma espécie recentemente descrita de nenúfares.

Os actuais polinizadores de escaravelhos visitam muitos tipos diferentes de plantas, alimentando-se de pólen, partes florais e, por vezes, de néctar. Embora a maioria dos escaravelhos que actuam como polinizadores não sejam especializados nas suas escolhas florais, os escaravelhos que visitam as flores têm alguns traços morfológicos que os tornam relativamente eficientes na transferência de pólen. De facto, muitos destes escaravelhos são peludos, permitindo que os grãos de pólen se colem a eles e sejam transferidos entre plantas. Além disso, alguns grupos de escaravelhos têm mandíbulas modificadas, com uma estrutura semelhante a uma escova ou uma probóscide alongada, o que lhes permite recolher mais facilmente o pólen e alimentar-se de néctar, respetivamente. Enquanto a grande maioria das espécies de escaravelhos generalistas visita plantas bem conhecidas, como a cenoura, o ranúnculo, o girassol ou a couve, algumas espécies de escaravelhos são polinizadores especializados de descendentes de plantas que visitaram há milhões de anos: nenúfares, anonas, magnólias, todas as plantas de especiarias (Hooks e Espindola, 2020).

5.1.4.2. Porque é que os escaravelhos visitam as flores

Para compreender a polinização por escaravelhos, é importante perceber que a maioria dos escaravelhos visita as flores para se alimentar de pólen e, por vezes, de estruturas florais (por exemplo, pétalas, anteras) ou secreções (por exemplo, secreções estigmáticas). De facto, os escaravelhos raramente visitam as flores para obter o néctar típico que outros polinizadores famosos procuram, e esta recompensa está frequentemente ausente ou é moderadamente produzida nas flores que os escaravelhos frequentam. A recompensa mais importante que os escaravelhos procuram quando visitam as flores é o pólen rico em proteínas. Os escaravelhos do pólen (Nitidulidae), os escaravelhos do chifre comprido (Cerambycidae), os escaravelhos das folhas (Chrysomelidae), os escaravelhos das roves (Staphylinidae), os escaravelhos (Scarabeidae), os escaravelhos das flores (Mordellidae) e os gorgulhos (Curculionidae) alimentam-se frequentemente de pólen de muitas flores. Os escaravelhos alimentam-se geralmente de flores da família das cenouras, que supostamente contêm uma boa fonte de pólen. Embora a maioria dos escaravelhos visite as flores apenas para obter pólen, há algumas espécies que desejam mais. Sabe-se que muitas famílias de escaravelhos, como os escaravelhos axadrezados (Cleridae; Fig. 42) e os escaravelhos de bolha (Meloidae), utilizam outros recursos florais.

De facto, alguns preferem simplesmente comer as flores e roem o tecido floral, comem o pólen e lambem os exsudados florais. No entanto, no caso de alguns escaravelhos, as flores representam muito mais do que apenas um local para obter alimento gratuito. Por exemplo, os escaravelhos-macacos (Scarabaeidae), um polinizador primário da planta peacock moraeas na África do Sul, frequentam as flores desta planta para obter pólen, néctar e acasalamento, enquanto os escaravelhos da América do Sul são atraídos pelas plantas Aroid produtoras de calor e por uma série de nenúfares, nos quais se alimentam e reproduzem. Mais localmente, muitos escaravelhos, incluindo os escaravelhos soldados, utilizam frequentemente a mesma flor que frequentam em busca de alimento para o acasalamento (Fig. 43). Para além de utilizarem as flores como fonte de alimento e de acasalamento, os escaravelhos utilizam-nas por vezes como residência e como local de presa de outros insectos. Por exemplo, os escaravelhos predadores escondem-se frequentemente no interior das flores, à espera da visita de insectos de corpo mole. As joaninhas, que são predadores bem conhecidos, visitam as flores para se alimentarem de pulgões e podem beber um pouco de néctar quando disponível. Os escaravelhos podem também utilizar as flores como local para se esconderem dos predadores. Alguns escaravelhos podem também entrar nas flores porque a temperatura no interior da flor é mais favorável às condições ambientais exteriores. Assim, as flores polinizadas por escaravelhos incluem recompensas nutricionais suficientes, um local para se aquecerem, acasalarem e caçarem ou servem de refúgio contra inimigos naturais (Hooks e Espindola, 2020).

Fig. 42 Escaravelho axadrezado ornamentado *Trichodes ornatus* visitando uma flor

Fig. 43 Besouro-soldado alimentando-se e acasalando-se na mesma flor

5.1.4.3. A ligação especial dos escaravelhos e da magnólia

A polinização por escaravelhos parece ter influenciado fortemente a evolução das flores das angiospérmicas. Há muitos milhões de anos, as plantas e os polinizadores começaram a especializar-se e a adaptar características que beneficiavam as necessidades uns dos outros; e os escaravelhos foram dos primeiros polinizadores a participar nas aventuras da natureza. Assim, as flores de linhagens como as magnólias são emparelhadas com escaravelhos como seus polinizadores primários (Fig. 44). Atualmente, as características desta flor são reconhecidas como as de uma flor "típica" de escaravelho. Estas flores têm a forma de uma taça e fornecem uma estrutura semelhante a uma caverna que os escaravelhos utilizam como abrigo. Os escaravelhos que polinizam estas flores alimentam-se de pólen e de secreções florais doces. Embora as magnólias de algumas regiões sejam polinizadas por várias famílias de escaravelhos, algumas magnólias de regiões tropicais têm interacções muito especializadas e só são polinizadas eficazmente por algumas espécies de escaravelhos.

Fig. 44 Besouro de chifres longos em *Magnolia grandiflora*

Os escaravelhos entram na flor transportando pólen de uma visita floral anterior e depositam passivamente o pólen nas estruturas femininas enquanto vagueiam pela flor e se alimentam das secreções estigmáticas. Durante estas visitas, o pólen da flor é libertado e, enquanto os escaravelhos se alimentam dele, também o depositam sobre si próprios. No final do ciclo de floração, a flor murcha e os besouros desarrumados deslocam-se para outra flor aberta, onde o pólen é transferido e se inicia a recolha da nova flor. Esta relação entre as magnólias e os seus besouros polinizadores evoluiu ao longo de milhões de anos de interacções. Por exemplo, as plantas de magnólia desenvolveram estratégias para "direcionar" a alimentação dos escaravelhos para longe das partes reprodutivas da flor. Basicamente, a planta sacrifica o pólen e o tecido foliar ao serviço da polinização. Mais especificamente, os escaravelhos alimentam-se noutras áreas da flor e, assim, são desviados da alimentação das partes femininas da flor, que precisam de se manter em posição para poderem produzir sementes. A este respeito, foi sugerido que esta relação besouro-polinização levou a um aumento do número de estames produzidos pela planta, o que garante que alguns ainda estão presentes e prontos para participar na reprodução da planta depois de os besouros terminarem o seu banquete. Além disso, a magnólia desenvolveu títulos que proíbem o acesso de outros insectos durante as fases críticas da polinização e produz um odor frutado que atrai os escaravelhos para as flores (Hooks e Espindola, 2020).

Flor de escaravelho

As flores que são visitadas pelos escaravelhos são tipicamente

- Em forma de taça com os órgãos sexuais expostos
- Branco, a branco baço ou verde
- Fortemente frutado
- Aberto durante o dia
- Produtores moderados de néctar
- Podem ser grandes flores solitárias (por exemplo, magnólias, lírios de lago)
- Podem ser grupos de pequenas flores (glodenrods, spirea)

Tabela 11. Lista de insectos visitantes de flores de Coleoptera em diferentes tipos de plantas

FAMÍLIA	NOME CIENTÍFICO	FAMÍLIA	NOME CIENTÍFICO
Anthribidae	*Gibber nodulosus*	**Attelabidae**	*Rhynchites heros*
Buprestidae	*Agrilus asiaticus* *Agrilus cyaneoniger melanopterus* *Agrilus pilosovittatus* *Agrilus rotundicollis* *Agrilus* sp *Anthaxia reticulata* *Anthoxia proteus psiittacina*	**Cefaloídeos**	*Cephaloon pallens*
Cantharidae	*Athemellus oedemeroides* *Athemus suturellus suturellus* *Athemus vitellinus* *Cantharis pallida* *Podabrus temporalis*	**Cerambycidae**	*Carilia virginea* *Chlorophorus motschulskyi* *Chlorophorus yedoensis* *Corymbia rubra* *Demonax transilis* *Dere thoracica* *Leptura arcuata*

			Moechotypa diphysis
	Wittmercantharis vulcana		*Moechotypa diphysis* *Oedemera lurida* *Phytoecia rufiventris* *Pidonia gibbicolis* *Pidonia puziloi* *Purpuricenus lituratus*
Cetoniídeos	*Gametis jucunda* *Nipponovalgus angusticollis* *Trichius succinctus*	**Chrysomeli dae**	*Agelasa nigriceps* *Chrysolina aunchalcea* *Phratora inhonesta* *Chrysomelidae* *Nonarthra cyanea*
Curculioníd eos	*Baris dispilota* *Lixus impressiventris* *Otiorthynchinae* sp. *Dermestidae* *Anthrenus pimpinellae*	**Elaterídeos**	*Ampedus carbunculus* *Ampedus puniceus* *Melanotus cribricollis* *Paracardiophorus* *pullatus*
Harpalidae	*Chlaenius naeviger* *Cyrtonotus giganteus* *Parena nigrolineata* *Laemophloeidae* *Leptophloeus* *convexiusculus*	**Lagriídeos**	*Luprops orientalis*
Lycidae	*Calochromus rubrovestitus* *Dictyopterus aurora* *Lyponia delicatula*	**Nitidulidae**	*Bpuraea paulula* *Epuraea parlis*
Melyridae	*Attalus* sp *Mordellidae* *Mordella aculeata* *Mordella brachyura* *Mordella holomelaena* *Mordella truncatoptera* *Mordellidae* sp.	**Oedemeríde os**	*Ditylus laevis* *Eobia cinereipennis cinereipennis* *Icschnomera subrugosa* *Oedemeridae* sp. *Oedemerina robusta* *Oedemeronia* *testaceithorax*
Pyrochroida e	*Pseudopyrochroa rubricollis* *Pseudopyrochroa rufula*	**Staphylinid ae**	*Staphylinidae* sp
Rutelídeos	*Anomala cpustulata* *Anomala octiescostata* *Anomala rufocuprea* *Anomala sieversi* *Blitopertha conspurcata* *Oxycetonia jucunda* *Popillia flavosellata*	**Tenebrioni dae**	*Tarpela cordicollis* *Trachyscelis sabuleti*

	Proagopertha pubicollis		
Scolytidae	*Xyleborinus saxeseni* *xyleborus apicalis* *xyleborus validus* *Xylosandrus germanus*		

Fonte: Choi e Jung (2015)

5.1.5. Thysanoptera

A polinização por tripes é conhecida como **tripofilia** (Fig.44).

5.1.5.1. Síndrome de polinização

Kirk (1997) descreveu as síndromes de polinização de flores polinizadas por tripes. Normalmente, os tripes habitam flores de tamanho médio com um aroma doce, com ou sem néctar, e as pétalas podem ser de tonalidade clara, variando de branco a amarelo.

Fig. 44 Thripophily

Os grãos de pólen são pequenos e secos e a estrutura floral é compacta, globosa ou urceolada com câmara polínica. Estas características florais foram observadas em algumas das plantas pertencentes às famílias de angiospérmicas basais, tais como Asteraceae, Annonaceae, Fabaceae, Dipterocarpaceae, Ericaceae, Euphorbiaceae, Monimiaceae, Rubiaceae e Solanaceae, etc.

5.1.5.2. Prémio floral

Os tripes antofílicos alimentam-se principalmente de pólen e néctar. As peças bucais dos tripes são únicas, com apenas a mandíbula esquerda funcional, que é utilizada para perfurar a glândula de pólen e néctar e sugar o seu conteúdo. O pólen e o néctar são componentes essenciais que promovem o crescimento e a capacidade de reprodução dos tripes. Devido ao seu pequeno tamanho (0,5 a 2 mm de comprimento do corpo), os tripes florais alcançam o tecido secretor da glândula de néctar e sugam a exsudação floral. Os tripes podem entrar mesmo em botões não abertos, mas a sua densidade máxima foi observada durante a deiscência do pólen das flores (Varatharajan, 2016).

5.1.5.3. Capacidade de transporte de pólen (PCC)

O movimento dos tripes no interior da flor permite-lhes ficarem polvilhados de pólen na superfície do seu corpo. Os tripes transportam os grãos de pólen nas patas, nas asas e nas cerdas dos segmentos abdominais. A presença de cerdas na superfície do corpo permite-lhes transportar uma carga apreciável de pólen. Entre os terebrânquios examinados, *o Thrips hawaiiensis* pode transportar um máximo de 172 grãos de pólen, enquanto que o *Microcephalothrips abdominalis transporta* cerca de 95 grãos por indivíduo. No entanto, o seu PCC médio variava entre 15 e 30 grãos de pólen por indivíduo (Varatharajan, 1984). Mas o tubulífero Dolichothrips foi registado como transportando 268 grãos de pólen por indivíduo (Moog et al., 2002). O aumento da eficiência do PCC pode ser atribuído à maior área de superfície e comprimento do corpo dos tripes (Ananthakrishnan, 1982). Embora a CPC do polinizador seja um índice que reflecte a sua eficiência, o facto de transportar um único pólen viável e de o transferir eficazmente para o estigma recetivo também revela o sucesso da polinização. A variação em termos de PCC apareceu não só entre espécies de tripes, mas também entre as partes do corpo do mesmo indivíduo. Essas diferenças foram evidentes em termos de contagem de pólen na cabeça, no tórax, no abdómen, nas pernas e nas asas (Varatharajan, 2016).

5.1.5.4. Mecanismo de dispersão e transferência de pólen

A ornamentação e a superfície pegajosa do pólen facilitam aos tripes o transporte de pólen em quantidade percetível. Os grãos de A n presos às cerdas do corpo B asas e às pernas dos tripes são dispersos no estigma através do seu movimento ativo, esfregando o abdómen na superfície estigmática, limpando as partes do corpo com as patas traseiras e também através do mecanismo de pentear as asas (Ananthakrishnan, 1982). O movimento dos tripes no interior da flor envolve a abertura e a agitação frequentes das asas, a limpeza do corpo e a descolagem trivial dos floretes, etc. Em muitas flores, o estigma é muito proeminente e é utilizado pelos tripes para aterrar e descolar. Durante este processo, os tripes colocam o pólen diretamente sobre o estigma (Kirk, 1997). A cor impressionante das pétalas e o tubo da corola de uma flor pequena constituem um local ideal para atrair os tripes para a oviposição, permitindo que as larvas emergentes sejam polvilhadas com pólen nos seus movimentos ascendentes e descendentes, conduzindo eventualmente à polinização. Também é importante mencionar aqui que os tripes preferem pousar na flor invariavelmente quando o estigma está na fase recetiva (Varatharajan, 2016).

Syed (1978) observou que os indivíduos de *T. hawaiiensis* aparecem na palmeira de óleo assim que as flores masculinas se abrem. Com o processo de antese, a população de tripes aumenta gradualmente e atinge o nível de saturação, que coincide com a fase recetiva do estigma. Este nível de saturação induz os tripes a descolarem das flores masculinas para as femininas da palmeira de óleo juntamente com uma carga considerável de pólen fresco, resultando na transferência de pólen.

5.2. Características de um bom polinizador

Quadro 12. Características de um bom polinizador

TRÁFICO	UTILIDADE PARA A POLINIZAÇÃO	EXEMPLO DE POLINIZADORES
Mais cabelo	✓ Os pêlos permitem que o pólen se fixe no polinizador e seja transferido para outras plantas. ✓ Sem pêlos, é recolhido menos pólen e o pólen recolhido tem muito menos probabilidades de se fixar até o polinizador visitar a planta seguinte.	**Possuem esta caraterística:** Abelhas, borboletas, traças **Não têm esta caraterística:** Vespas, formigas, escaravelhos
Tamanho maior	✓ Os polinizadores de maiores dimensões podem normalmente transportar mais pólen. ✓ A polinização por zumbido é normalmente efectuada apenas por abelhas maiores.	**Têm esta caraterística:** Abelhas, beija-flores **Não têm esta caraterística:** Abelhas suarentas
Voo	✓ Os polinizadores que voam transferem	**Têm esta caraterística:** Borboletas, beija-flores

	geralmente mais pólen do que os que caminham.	**Não ter esta caraterística:** Formiga
Comportam ento de polinização	✓ Os polinizadores que visitam um grande número de flores numa viagem de procura de alimento são geralmente melhores polinizadores. ✓ Os polinizadores que visitam uma gama restrita de espécies de plantas numa viagem de procura de alimento são mais bem sucedidos na polinização.	**Possuem esta caraterística:** Abelhas **Não possuem esta caraterística:** Escaravelhos, formigas
Dieta de pólen	✓ Os polinizadores que comem pólen estão normalmente em contacto mais próximo com o pólen e podem apanhar mais no seu corpo.	**Possuem esta caraterística:** Abelhas **Carecem desta caraterística:** Borboletas, moscas, beija-flores
Contacto próximo com a flor	✓ Mais pólen adere aos polinizadores que entram em contacto próximo com a flor.	**Têm esta caraterística:** Abelhas, formigas, escaravelhos **Não têm esta caraterística:** Borboletas, traças

Fonte: Galen *et al.* (2018)

A eficiência e a eficácia de um determinado polinizador são medidas pela capacidade desse inseto de se deslocar e depositar pólen entre as flores. A eficácia da polinização é medida como o conjunto de sementes após uma única visita de um polinizador à flor e pode ainda ser quantificada como a **deposição de pólen** numa única visita **(SVD)**, definida como o número de grãos de pólen depositados num estigma virgem numa única visita. As espécies de polinizadores variam na sua eficiência e eficácia devido a diferenças morfológicas, fisiológicas e comportamentais. Os traços morfológicos, como as características das peças bucais, a massa corporal, o comprimento do corpo e a quantidade e localização da pilosidade nas partes do corpo que contactam com o pólen, são provavelmente bons preditores da eficiência e eficácia dos polinizadores. Stavert *et al.* (2016) desenvolveram um método para medir a pilosidade dos insectos como indicador da SVD. A pilosidade facial foi um forte preditor, explicando mais de 90% da variação nas medidas de SVD em pak choi e kiwi, com a pilosidade das regiões torácicas ventral e dorsal também sendo bons preditores, dependendo do tipo de flor. A pilosidade deve ser avaliada no contexto da estrutura da flor e da forma como o inseto interage com a flor, concentrando-se nas regiões do corpo identificadas como as que contactam mais frequentemente com as estruturas reprodutivas da flor. Deve também ser considerado o dimorfismo sexual, tanto no que respeita à pilosidade e/ou à forma como o indivíduo interage com a flor. Esses traços morfológicos devem estar alinhados com a morfologia estrutural reprodutiva da cultura-alvo, incluindo a forma da flor e a localização do néctar e do pólen.

O quadro 12 apresenta uma lista de mais de 180 espécies vegetais de importância económica e dos seus polinizadores. É evidente que as abelhas polinizam quase todas as culturas e que muito poucas culturas dependem de outras espécies de insectos para as suas necessidades de polinização. As culturas auto-incompatíveis e de polinização cruzada requerem serviços de polinização eficazes por parte das abelhas e de outros polinizadores. Mesmo as culturas autopolinizadas beneficiam da polinização por insectos, uma vez que as culturas assim polinizadas produzem rendimentos mais elevados com sementes de boa qualidade que demonstram o seu vigor híbrido sem qualquer deserção das propriedades inatas dos frutos e das sementes. Assim, as abelhas são inquestionavelmente os principais agentes polinizadores de muitas plantas cultivadas. As abelhas visitam as plantas com flores e recolhem o pólen (se for produzido) e o néctar das flores. A flor é construída de tal forma que, se a abelha tiver visitado uma flor produtora de pólen anterior, é provável que algum pólen seja transferido para o próximo estigma visitado. Os outros insectos polinizadores são de menor importância, embora o seu papel na polinização de uma vasta gama de plantas com flores silvestres e na manutenção da diversidade natural seja uma realidade, mas ultrapassa a imaginação do nosso pensamento devido às suas formas em miniatura. Assim, continua a existir um fenómeno natural ininterrupto de coexistência entre os insectos e as plantas com flores para nosso interesse egoísta.

Quadro 13. Polinização de culturas cultivadas por espécies de insectos

S.N.	Culturas	Nome científico	Família	Principais polinizadores	Outros polinizadores
1	Akee	*Blighia sapida* Koenig	Sapindáceas	Abelhas	Vespa
2	Alfafa	*Medicago sativa* Lin.	Leguminosas	Abelhas	75 wildbee sp.
3	Pimenta da Jamaica	*Pimenta dioica* Lin.	Myrtaceae	Abelhas solitárias	
4	Amêndoa	*Prunus dulcicis* (Miller)	Rosáceas	Abelhas	Abelhas solitárias
5	Trevo de Alsike	*Trifolium hybridum* Lin.	Leguminosas	Abelhas	Abelhas grandes
6	Ginseng americano	*Panax quinquefolius* Lin.	Araliaceae	Abelhas Halictides	
7	Anis	*Pimpinella anisum* Lin.	Umbelíferas	Abelhas	Abelhas solitárias
8	Apple	*Malus domestica* Borkh	Rosáceas	Abelhas	Abelhas solitárias, vespas, moscas

9	Damasco	*Prunus americana* Lin.	Rosáceas	Abelhas	Abelhas solitárias
10	Alcachofra.	*Cynara scolymus* Lin	Compositae	Abelhas	Outras abelhas
11	Espargos	*Espargos (Asparagus officinalis* Lin)	Liliaceae	Abelhas melíferas	Outras abelhas
12	Abacate	*Persea americana* Mill.	Lauraceae	Abelhas	Vespas, moscas
13	Amendoim de Bambara	*Voandzeia subterrânea*	Leguminosas	Abelhas	Outras abelhas
14	Banana	*Musa* spp.	Musáceas	Morcegos	Abelhas, beija-flor
15	Cereja de Barbados	*Malpighia glabra* Lin.	Malpighiaceae	Abelhas solitárias	
16	Manjericão	*Ocimum* spp.	Labiatae	Abelhas	
17	Noz de bétele	*Areca catechu* Lin.	Palmae	Abelhas	
18	Pé-de-pássaro-trevo	*Lotus corniculatus* Lin.	Leguminosas	Abelhas	Outras abelhas
19	Cabaça amarga	*Memordica charantia* Lin.	Cucurbitáceas	Abelhas	Outras abelhas, escaravelhos
20	Mirtilo	*Vaccinium* spp.	Ericaceae	Abelhas	
21	Cabaça de garrafa	*Lagenaria siceraria* Standl.	Cucurbitáceas	Abelhas	Insectos
22	Castanha do Brasil	*Lecythis* spp.	Lecythidaceae	Abelhas grandes	
23	Fruta-pão	*Artocarpus altilis* Fosb	Moráceas	Abelha sem ferrão	

24	Brócolos	*Brassica oleracea* var *italica* Lin.	Crucíferas	Abelhas	Moscas outras abelhas
25	Trigo mourisco	*Phagopyrum esculentum*	Polygonacea e	Abelhas	Vespas
26	Cardamomo	*Elettaria cardamomum*	Zingiberacea e	Abelhas	Abelhas solitárias, vespas
27	Cenoura	*Dacus carota* Lin.	Umbelíferas	Abelhas	Abelhas solitárias, moscas
28	Castanha de caju.	*Anacardium occidentale* Lin.	Anacardiacea e	Abelhas	Abelhas, moscas, borboletas
29	Castor	*Ricinus communis* Lin.	Euphorbiace ae	Abelhas do vento	
30	Couve-flor	*Brassica oleracea* var	Crucíferas	Abelhas	Moscas, outras abelhas
31	Aipo	*Apium graveolens* Lin.	Umbelíferas	Moscas	Abelhas solitárias
32	Castanha	*Castanea* spp.	Fagaceae	Abelhas	Outras abelhas
33	Grão-de-bico	*Cicer arietinum* Lin.	Leguminosas		Várias abelhas
34	Chicória	*Cichorium intybus* Lin.	Compositae	Abelhas	Outras abelhas
35	Malagueta	*Capsicum* spp.	Solanáceas	Abelhas	Abelhas solitárias, vespas,
36	Couve chinesa	*Brassica pekinensis* Lin.	Crucíferas	Abelhas	Moscas, outras abelhas

37	Crisântemo	*Crisântemo cinera*	Compositae	Abelhas	Escaravel hos e moscas
38	Cinchona	*Cinchona* spp.	Rubiáceas	Abelhas	Borboleta s, moscas
39	Canela	*Cinnamomum zeylanicum*	Lauraceae	Moscas	
40	Cidra	*Citrus medica* Lin.	Rutáceas	Abelhas melíferas	Abelhas, tripes, Hassanein e ácaros, moscas
41	Clementina	*C. aurantium x C. reticulata*	Rutáceas	Abelhas	Abelhas, tripes, ácaros, moscas
42	Cravo	*Eugenia caryophyllus*	Myrtaceae	Abelhas	
43	Feijão de cacho	*Cyamopsis tetra-gonooloba*	Leguminosas	Abelhas	Outras abelhas
44	Cacau	*Theobroma cacao* Lin	Sterculiaceae	Mosquit os	Formigas, tripes, pulgões
45	Côco	*Cocos nucifera* Lin.	Palmae	Abelhas	Bicho da orelha, vespas, formigas
46	Café	*Coffea arabica* Lin.	Rubiáceas	Abelhas	Outras abelhas, vespas
47	Feijão comum	*Phaseolus vulgaris* Lin.	Legunminosa e	Abelhas	Outras abelhas
48	Ervilhaca comum	*Vicia sativa* Lin.	Leguminosas	Abelhas	Outras abelhas

49	Coentros	*Coentros sativum* Lin.	Umbelíferas	Abelhas melíferas	Moscas, outras abelhas
50	Algodão	*Gossypium* spp.	Malvaceae	Abelhas	41 insectos sp.
51	Feijão-frade	*Vigna unguiculata* (Walp.)	Leguminosas	Abelhas	Abelha, formiga, moscas
52	Trevo carmesim Lin.	*Trifolium incarnatum*	Leguminosas	Abelhas	Abelhas grandes
53	Ervilhaca da coroa	*Coronilla varia* Lin.	Leguminosas	Abelhas	Outras abelhas
54	Pepino	*Cucumis sativus* Lin.	Cucurbitáceas	Abelhas	Outras abelhas
55	Cominho	*Cuminum cyminum* Lin.	Umbelíferas	Abelhas	
56	Groselha	*Ribes* spp.	Grossulariaceae	Abelhas	Outras abelhas
57	Maçã-creme	*Abbona squamosa* Lin.	Anonáceas		2 escaravelhos e formigas pretas
58	Tamareira	*Phoenix dactylifera* Lin.	Palmae	Abelhas	
59	Endro	*Anethum graveolens* Lin.	Umbelíferas	Abelhas	Abelhas solitárias
60	Ovinicultura	*Solanum melongena* Lin.	Solanáceas		
61	Trevo egípcio	*Trifolium alexandrinum* Lin.	Leguminosas	Abelhas	69 espécies

					de insectos
62	Eucalipto	*Eucalipto* spp.	Myrtaceae	Abelhas	
63	Fava	*Vicia faba* Lin.	Leguminosa	Abelhas	Outras abelhas
64	Feijoa	*Feijoa sellowiana* Berg.	Myrtaceae	Abelhas	
65	Funcho	*Foeniculum vulgare* Mill.	Umbelíferas	Abelhas	Moscas
66	Figo	*Ficus carica* Lin.	Moráceas	Vespa do figo	
67	Linho	*Linum usitatissimum* Lin.	Linaceae	Abelhas	Outras abelhas, moscas, tripes
68	Jardim pe	*Pisum sativum* Lin.	Leguminosas	Abelhas	Outras abelhas
69	Groselha	*Ribes uva-crispa* Lin.	Grossulariaceae	Abelhas	Outras abelhas
70	Uva	*Vitis vinifera* Lin.	Vitaceae	Abelhas	Abelhas solitárias, moscas
71	Toranja	*Citrus paradise* Macf.	Rutáceas	Abelhas	Abelhas, tripes, ácaros, moscas
72	Inhame grande	*Dioscorea alata* Lin.	Discoreaceae		Pequenos insectos voadores noturnos
73	Goiaba	*Psidium guajava* Lin.	Myrtaceae	Abelhas	Outros insectos

74	Guayale	*Parthenium argentatum*	Compositae	Abelhas	Escaravel hos, moscas
75	Gurana	*Paullinia cupana* HBK	Sapindáceas		Abelhas selvagens
76	Ervilhaca peluda	*Vicia villosa* Lin.	Leguminosas	Abelhas	Outras abelhas
77	Fava de cavalo	*Canavalia ensiformis* (L.)	Leguminosas		Outras abelhas
78	Grama de cavalo	*Dolichos biflorus* Roxb.	Leguminosas	Abelhas	Outros insectos
79	Mostarda indiana	*Brassica juncea* Lin.	Crucíferas	Abelhas	Moscas, outras abelhas
80	Jaca	*Artocarpus heterophyllus* Lam.	Moráceas		Moscas, escaravelh os
81	Índigo de Java	*Indiofera arrecta* Hochst	Leguminosas	Abelhas	Outras abelhas
82	Jujuba	*Zizyphus jujube* Mill.	Rhamnaceae	Abelhas, vespas, moscas	
83	Juta	*Corchorus capsularis* Lin.	Tiliaceae	Abelhas	
84	Kenaf	*Hibiscus cannabinus* Lin.	Malvaceae	Abelhas	Vespas, outras abelhas
85	Kiwis	*Actinidia deliciosa*	Actinidiacea e	Abelhas	> 150 espécies de insectos, aranhas, ácaros
86	Lavanda	*Lavandula* spp.	Labiatae	Abelhas	13 espécies

				de abelhas visitam as flores
87	Limão	*Citrus limon* Lin.	Rutáceas	Abelhas	Abelhas, tripes, ácaros, moscas
88	Lespedeza	*Lespedeza* spp.	Leguminosas	Abelhas	Outras abelhas
89	Alface	*Lactuca sativa* Lin.	Compositae	Moscas voadoras	Abelhas selvagens
90	Feijão-de-lima	*Phaseolus lunatus* Lin.	Leguminosas	Abelhas	Outras abelhas, tripes
91	Cal	*Citrus aurantifolia* Swing.	Rutáceas	Abelhas	Abelhas, tripes, ácaros
92	Lichia	*Litchi chinensis* Sonn.	Sapindáceas	Abelhas	Vespas, moscas, formigas,
93	Alfarroba	*Ceratonia siliqua* Lin.	Leguminosas	Abelhas	Moscas
94	Nêspera	*Eriobotrya japonica*	Rasaceae	Abelhas	Abelhas
95	Tremoço	*Lupinus* spp.	Leguminosas	Abelhas	Outras abelhas
96	Macadâmia	*Macadâmia* spp.	Proteáceas	Abelhas	Escaravel hos, vespas
97	Mandarim	*Citrus reticulata* Blanco	Rutáceas	Abelhas	Abelhas, tripes, ácaros, moscas

98	Manga	*Magnifera indica* Lin.	Anacardiaceae	Abelhas	80 espécies de insectos
99	Feijão Mesquitinha Lin.	*Prosopis* spp.	Leguminosas	Abelhas solitárias	Abelhas
100	Ervilhaca de leite	*Astragalus cicer*	Leguminosas	Abelhas	Outras abelhas
101	Melão	*Cucumis melo* Lin.	Cucurbitáceas	Abelhas	Outras abelhas, besouro
102	Ameixa de Natal	*Carissa grandiflora* A. DC.	Apocináceas	Alguns insectos visitam as flores	
103	Níger	*Guizotia abyssinica* Cass.	Compositae	Abelhas	Outras abelhas
104	Noz-moscada	*Myristica fragrans* Houtt.	Myristicaceae	Escaravelho	
105	Óleo de palma	*Elaeis guineensis* Jacq.	Palmae	Abelhas	12 espécies de insectos visitam as flores
106	Quiabo	*Abelmoschus esculentus* (Lin.)	Malvaceae	Abelhas	Outras abelhas, moscas, escaravelhos
107	Azeitona	*Olea europaea* Lin.	Oleáceas	Abelhas	

108	Cebola	*Allium cepa* Lin.	Aliaceae	Abelhas	267 spp de insectos recolhidos nas flores
109	Ópio	*Papaver somniferum* Lin.	Papaveraceae	Insectos	
110	Papaia	*Carica papaya* Lin.	Caricáceas	Gavião, traça do falcão	17 espécies de insectos visitam as flores
111	Salsa	*Petroselinum crispum*	Umbelíferas	Abelhas	Moscas
112	Pastinaga	*Pastinaca sativa* Lin.	Umbelíferas	Abelhas solitárias	
113	Maracujá	*Passiflora* spp.	Passifloracea e	Abelhas	17 espécies de insectos visitam as flores
114	Pêssego	*Prunus persica* Lin.	Rosáceas	Abelhas	Abelhas solitárias
115	Amendoim	*Rachis hypogea* Lin.	Leguminosas	Abelhas	Outras abelhas
116	Pera	*Pyrus communis* Lin.	Rosáceas	Abelhas	Abelhas solitárias
117	Pimenta	*Piper nigrum* Lin.	Piperaceae		Rabos de mola
118	Hortelã-pimenta	*Mentha x piperita*	Labiatae	Abelhas	Moscas

119	Trevo-persa	*Trifolium resupinatum* Lin.	Leguminosas	Abelhas	Outras abelhas
120	Caqui	*Diospyros kaki* Lin.	Ebenáceas	Abelhas	Vespa, moscas
121	Phalsa	*Grewia asiatica* Lin.	Tiliaceae	Abelhas	Moscas, vespas
122	Ervilha-de-pombo	*Cajanus cajans* (L.)	Leguminosas	Abelhas	Outras abelhas
123	Ananás	*Ananas sativus* Schult.	Bromeliaceae		Pássaros zumbidores
124	Ameixa	*Prunus domestica* Lin.	Rosáceas	Abelhas	Abelhas solitárias
125	Pomogranato	*Punica granatum* Lin.	Punicáceas	Insectos	
126	Batata	*Solanum tuberosum* Lin.	Solanáceas		Abelhas, abelhas
127	Pumelo	*Citrus grandis* Osbeck	Rutáceas	Abelhas	Abelhas, tripes, ácaros, moscas
128	Abóbora	*Cucurbita moschata* (Duch)	Cucurbitáceas	Abelhas	Outras abelhas
129	Marmelo	*Chaenomoles* sp.	Rosáceas	Abelhas	
130	Rabanete	*Raphanus sativus* Lin.	Crucíferas	Abelhas	Moscas, outras abelhas
131	Rambutan	*Nephelium lappaceum* Lin.	Sapindáceas	Abelhas	Vespas, ficheiros

132	Violação	*Brassica campestris* Lin.	Crucíferas	Abelhas	Outras abelhas, moscas
133	Framboesa	*Rubus* spp.	Rosáceas	Abelhas	Abelhas solitárias, tripes, moscas
134	Trevo vermelho	*Trifolium pretense* Lin.	Leguminosas	Abelhas	Outras abelhas
135	Ruibarbo	*Rheum rhaponticum* Lin.	Polygonacea e		Moscas
136	Cabaça de crista	*Luffa acutangulata* Lin.	Cucurbitácea s	Abelhas	Outras abelhas
137	Agrião-da-terra	*Eruca sativa* Lam.	Crucíferas	Abelhas	Moscas, outras abelhas
138	Borracha	*Hevea brasiliensis* Muell-Arg.	Euphorbiace ae		
139	Flor de açafrão	*Carthanus tinctorius* Lin.	Compositae	Abelha	Abelhões, moscas syrphid
140	Sagueiro	*Metroxylon sagu* Rottb.	Palmae	Abelhas	
141	Sanfoin	*Onobrychis viciifolia* Scop.	Leguminosas	Abelhas	Outras abelhas
142	Sapindus	*Sapindus emarginaties* Vahl.	Sapindáceas	Abelhas	37 espécies de insectos visitam as flores

143	Sarsão	*Brassica compestris* var	Crucíferas	Abelhas	Moscas, outras abelhas
144	Feijão escarlate	*Phaseolus coccineus* Lin.	Leguminosas	Abelhas	Abelhas grandes, beija-flor
145	Sésamo	*Sesamum indicum* Lin.	Pedaliaceae	Abelhas	Vespas, moscas
146	Algodão de seda	*Ceiba pentandra* Gaertn.	Bombáceas		Morcegos e insectos
147	Ginja	*Prunus cerasus* Lin.	Rosáceas	Abelhas	Abelhas solitárias
148	Laranja ácida	*Citrus aurantium* Lin.	Rutáceas	Abelhas	Abelhas, tripes, ácaros, moscas
149	Soja	*Glycine max* Lin.	Leguminosas	Abelhas	Outras abelhas
150	Abóbora	*Cucurbita pepo* Lin.	Cucurbitáceas	Abelhas	88 espécies de insectos que visitam as flores
151	Carambola	*Averrhoacaram bola* Lin.	Oxalidáceas	Abelhas	Outras abelhas, formigas
152	Straberry	*Fragaria x ananassa* Duch	Rosáceas	Abelhas	108 espécies de insectos

					visitam as flores
153	Trevo de morango	*Trifolium fragiferum* Lin.	Leguminosas	Abelhas	
154	Beterraba sacarina	*Beta vulgaris* Lin.	Chenopodiac eae	Tripes	129 espécies de insectos que visitam as flores
155	Índigo de Sumatra	*Indiofera sumatrana* Gaertn.	Leguminosas	Abelhas	Outras abelhas
156	Girassol	*Helianthus annus* Lin.	Compositae	Abelhas	31 espécies de abelhas visitam as flores
157	Sunnhemp	*Crotalaria juncea* Lin.	Leguminosas	Outras abelhas	Abelhas
158	Violação sueca	Brassica napus Lin.	Crucíferas	Abelhas	Moscas, outras abelhas
159	Cereja doce	*Prunus avium* Lin.	Rosáceas	Abelhas	Abelhas solitárias
160	Trevo doce	*Melilotus alba* Desr.	Leguminosas	Abelhas	Outras abelhas
161	Lima doce	*Citrus limettoides* Lin.	Rutáceas		Abelhas, tripes, ácaros, moscas
162	Laranja doce	*Citrus sinensis* Osbeck	Rutáceas	Abelhas	Abelhas, tripes,

				ácaros, moscas
163	Batata-doce	*Ipomoea batatas* Lin.	Convolvulác eas		Abelhas selvagens
164	Ervilhaca doce	*Hedysarum coronarium* Lin.	Leguminosas	Abelhas	54 espécies de abelhas visitam as flores
165	Chá	*Camellia sinensis* (Lin.)	Theaceae	Moscas	Abelhas, vespas
166	Temarind	*Temarindus indica* Lin.	Leguminosas	Abelhas	Outras abelhas
167	Tomilho	*Thymus vulgaris* Lin.	Labiatae	Abelhas	
168	Tabaco	*Nicotiana tabacum* Lin.	Solabnaceae	Abelhas	Abelhas
169	Tomate	*Lycopersicon esculentum* Mill.	Solanáceas	Abelhas	Abelhas
170	Toria	*Brassica compestris*	Crucíferas	Abelhas	117 espécies de insectos visitam as flores
171	Lucerna arbórea	*Chamaecytisus palmensis*	Leguminosas	Abelha	Abelhas
172	Nabo	*Brassica rapa* Lin.	Crucíferas	Abelhas	Moscas, outras abelhas
173	Baunilha	*Vanilla* spp.	Orquidáceas	Beija-flor	Outras abelhas

174	Melancia	*Citrulus lanatus* (Thunb.)	Cucurbitáceas	Abelhas	Outra abelha
175	Trevo branco	*Trifolium repens* Lin.	Leguminosas	Abelhas	Outras abelhas
176	Mostarda branca	*Sinapis alba* Lin.	Crucíferas	Abelhas	Moscas, outras abelhas
177	Wils	*Aleurites montana* (Lour.)	Euphorbiaceae	Afídeos, tripes	
178	Feijão alado	*Psophocarpus tetragonolobus*	Leguminosas	Xilocopa	Outras abelhas
179	Trevo amarelo	*Melilotus officinalis* Lin.	Leguminosas	Abelhas	Outras abelhas

(Fonte: Thapa, 2006)

7. PAPEL DOS POLINIZADORES NAS CULTURAS FRUTÍCOLAS

7.1.Polinização na goiaba

As abelhas melíferas foram os melhores polinizadores para aumentar a frutificação e a qualidade dos frutos também foi melhorada (Rajagopal e Eswarappa, 2005). Vinte a quarenta por cento da polinização deveu-se às abelhas melíferas. As características dos frutos, como o comprimento e a circunferência, também melhoraram significativamente no tratamento com polinização por abelhas em relação ao tratamento sem polinização por abelhas (Anonymous, 2011; Sehgal, 1961)

7.2. Polinização na banana

Os insectos que visitam frequentemente a inflorescência da bananeira, as abelhas melíferas (*A. cerana, A. mellifera* e *A dorsata*) foram os visitantes dominantes (77,50%) seguidos pelas vespas (*Polistes hebraeus* & *Vespa orientalis*) com 15,53% de visitas. Os restantes insectos visitantes eram constituídos por outros insectos himenópteros, incluindo as abelhas sem ferrão (Kaushik et al., 2012). Os morcegos são também um polinizador importante e eficaz na polinização da banana.

7.3. Polinização da anona

Na anona, os polinizadores mais importantes são os escaravelhos. As abelhas são também polinizadores importantes. Cerca de 10% da produção pode ser atribuída à polinização das abelhas (Anónimo, 2006a).

7.4. Polinização em sapota

Os tripes são o principal polinizador na polinização da sapota. Principalmente duas espécies de tripes (*Thrips hawaiiensis* e *Haplothripstenuipennis*) vivem no néctar, grãos de pólen e exsudações estigmáticas da sapota e fazem o serviço de polinização. A maior parte da polinização geitonogâmica é feita por tripes (Reddy, 1989).

7.5. Polinização em kiwis

A importância relativa das abelhas melíferas e do vento na polinização dos kiwis. A importância relativa das abelhas melíferas e do vento na polinização dos kiwis não é clara, embora vários investigadores tenham demonstrado o valor do forrageamento das abelhas melíferas na produção de kiwis. Vaissiere *et al.* (1996) descobriram que os frutos de flores visitadas por abelhas apresentavam um número significativamente mais alto de sementes, em comparação com os frutos de flores de controlo, e demonstraram que as abelhas melíferas são polinizadores eficazes de kiwis. Uma videira de kiwis produz tanto flores masculinas como femininas, de forma que a plantação de videiras masculinas e femininas no campo para a polinização é muito importante. A polinização do kiwi depende estritamente de vectores como as abelhas melíferas e o vento. O kiwi não produz néctar e requer um alto nível de transferência de pólen para produzir um fruto de tamanho e forma adequados. Um kiwi bem polinizado contém 1.000-1.400 sementes. Em contrapartida, uma maçã bem polinizada contém 6-7 sementes (Howpage *et al.* 2001).

8. CONCLUSÃO

Os polinizadores prestam serviços às plantas que visitam há pelo menos 170 milhões de anos, desde meados do Mesozoico, e possivelmente há muito mais tempo. Durante esse período, a importância relativa dos diferentes grupos de polinizadores aumentou e diminuiu, enquanto a diversidade global aumentou em paralelo com as plantas com flor, até que, atualmente, poderão existir cerca de 350 000 espécies de polinizadores descritas (e muitas mais à espera de serem descobertas pela ciência). A importância relativa dos diferentes grupos taxonómicos (desde os níveis de género até à ordem) varia biogeograficamente, mas, de um modo geral, é evidente que a diversidade é importante e que a perda de espécies (seja qual for a escala geográfica) deve ser evitada. Ao mesmo tempo, não devemos esperar que os padrões actuais sejam fixos, e a perda ou o ganho de espécies a nível regional e nacional pode fazer parte das flutuações naturais da biodiversidade, independentemente dos processos antropogénicos. A compreensão atual dos padrões globais de diversidade e importância dos polinizadores e do papel dos diferentes modos de polinização (especificamente a polinização pelo vento e a polinização por animais) avançou significativamente, mas ainda há muito a aprender. Só nos últimos 20 anos, aproximadamente, é que os cientistas interessados nestas questões começaram a reunir conjuntos de dados globais que abordam questões como a variação da polinização pelo vento e por animais em todo o mundo, a importância de diferentes grupos de animais como polinizadores, os padrões de limitação do pólen e a forma como estes padrões se relacionam com os sistemas sexuais e de acasalamento das plantas.

Para compreender a diversidade dos polinizadores, a evolução dos sistemas de polinização em que desempenham um papel e a ecologia das redes em que se inserem (e a forma como tudo isto pode ser conservado como um aspeto vital da biodiversidade do planeta) são necessários ainda mais dados observacionais e experimentais, monitorização e inquéritos pormenorizados para construir um quadro sólido da diversidade e declínio dos polinizadores. A diversidade contemporânea de polinizadores é o resultado de milhões de anos de coevolução estreita e difusa com gimnospérmicas e angiospérmicas. Para além de serem diretamente essenciais para a continuação desta diversidade vegetal, os polinizadores também proporcionam um enorme valor acrescentado ao apoiarem indiretamente uma vasta gama de outros organismos, incluindo leveduras e outros micróbios no néctar, doenças fúngicas das flores, espécies de insectos cleptoparasitas e outros parasitas, predadores e herbívoros especializados, animais que comem frutos e sementes, etc. A perda de toda esta diversidade é uma perda trágica para o património biológico do planeta Terra.

<u>**REFERÊNCIAS**</u>

Abrol, D. P.2016. Estratégias de forrageamento em abelhas, *Apis dorsata* F. e *Apis florea* F. em relação à disponibilidade de recompensas energéticas. *Journal of Apiculture*. **31**: 1-9.

Aizen, M. A. e L. D. Harder. 2009. O stock global de abelhas domésticas está a crescer mais lentamente do que a procura agrícola de polinização. *Current Biology*, **19**: 915-918.

Albano, S., S. Salvado, S. Duarte, A. Mexia e P. A. V.2009. Borges. Eficácia polinizadora de diferentes visitantes florais do morangueiro no Ribatejo, Portugal: Seleção de potenciais polinizadores. Parte 2. *Avanços em Ciências Hortícolas*, **23**, 246-253.

Albrecht, M., B. Schmid, Y. Hautier e C.B. Muller. 2012. Diversas comunidades de polinizadores aumentam o sucesso reprodutivo das plantas. *Procedimentos da Royal Society B: Biological Science*, **279**(1748): 4845-4852.

Alcorn K., H. Whitney e B. Glover.2012. O movimento das flores aumenta a preferência dos polinizadores por flores com melhor aderência. *Functional Ecology*. **26**: 941-947.

Aleixo, K. P, L. B. Faria, M. Groppo, M.M. Nascimento Castro e C. I. Silva. 2014. Distribuição espaço-temporal de recursos florais em uma cidade brasileira: Implicações para a manutenção de polinizadores, especialmente abelhas. Urban Forestry & Urban Greening. **13**(4):689-696.

Ananthakrishnan, T.N. (1982). Thrips and pollination biology (Tripes e biologia da polinização). *Current Science*, **51**(4): 168-172.

Ananthakrishnan, T.N. (1993). Bionomics of thrips. *Annuals Review of Entomology*, **38**:71-92.

Anderson, D. M. Sedgley, J. Short e A. Allwood.1982. Insect pollination of mango in northern Australia (Polinização por insectos da manga no norte da Austrália). *Australian Journal Agricultural Research*, **33**: 541-548.

Anónimo. 2006b. Grower and beekeeper guide: Avocado pollination - best practice guidelines, Avocado Industry Council Ltd., Tauranga, New Zealand.

Armstrong, J. A. 1979. Biotic pollination mechanisms in the Australian flora- a review. *New Zealand Journal of Botany*, **17**: 467-508.

Balamurali G.S., S. Krishna e Somanathan H. 2015. Sentidos e sinais: Evolução de sinais florais, sistemas sensoriais de polinizadores e a estrutura das interações planta-polinizador. *Current Science*, **108**: 1852-1861.

Berenbaum, M. R. 2007. Desordem do colapso das colónias e declínio dos polinizadores. In Statement to Congress of USA,29.

Bhagyasree, S. N, S. S. Suroshe e S. Kumari. 2020. Importance of honey bees in pollination of horticultural crops (Importância das abelhas na polinização de culturas hortícolas). *Indian Entomology*, **1**(1):46- 48.

Bishop, A. 1996. Field guide to the orchids of New South Wales and Victoria. University of New South Wales Press, Sydney.

Bradbear, N. 2009. Bees and their role in forest livelihoods: a guide to the services provided by bees and the sustainable harvesting, processing and marketing of their products. Produtos florestais não lenhosos, 19.

Brunet, J., A.J. Flick e A.A. Bauer. 2021. Seleção fenotípica na cor da flor e no tamanho da exibição floral por três espécies de abelhas. *Fronteira em Ciências Vegetais*, **11**: 1-13.

Buchmann, S. L. e Nabhan GP. 1996. The pollination crisis: the plight of the honey bee and the decline of other pollinators imperies future harvests. *The* Science, **36**(4):22-28.

Chartier, M., M. Gibernau e S. S. Renner. 2014. A evolução dos tipos de interação polinizador-planta nas araceae. *Evolution*, **68**: 1533-1543.

Choi, W.S. e C. Jung. 2015. Diversidade de insectos polinizadores em diferentes culturas agrícolas e plantas com flores silvestres na Coreia. *Journal of Apiculture*, **30**(3):191-201.

Cook, J. M. e S. T. Segar. 2010 Speciation in fig wasps. *Ecological Entomology*. 2010; **35**:54-66.

Dag, A. e S. Gazit. 2000. Polinizadores de manga em Israel. *Journal of Applied Horticulture*, **2**: 39-43.

Camargo M.G.G. 2019. Como os sinais de cor das flores atraem abelhas e beija-flores: um teste em nível de comunidade da hipótese de evasão de abelhas. New Phytologist, **222**: 1112-1122.

Luca, P. A, L. F. Bussiere, D. Souto-Vilaros, D. Goulson, A. C. Mason e M. Vallejo-Marín. 2013. A variabilidade nos zumbidos de polinização de abelhas afeta a quantidade de pólen liberado das flores. *Oecologia*. **172**(3):805-816.

Delnevo, N., E. J. Van Etten, N. Clemente, L. Fogu, E. Pavarani e M. Byrne. 2020. Adaptação do pólen à polinização por formigas: um estudo de caso das Proteaceae. *Annals of botany*, **126**(3):377-386.

Dodd, M, E., J. Silvertown e M.W. Chase. 1999. Phylogenetic analysis of trait evolution and species diversity variation among angiosperm families. *Evolution*, **53**(3):732-744.

Dutton, E. M. e M.E. Frederickson. 2012. Por que a polinização por formigas é rara, novas evidências e implicações da hipótese antibiótica. Arthropod-Plant Interactions. **6**(4):561-569.

Endress, P. K. 1994. Diversity and evolutionary biology of tropical flowers. Cambridge University press, Cambridge.

Fowler R.E., E. L. Rotheray e D. Goulson. 2016. A abundância floral e a qualidade dos recursos influenciam a escolha do polinizador. *Insect Conservation and Diversity*,**9**: 481-494.

Free, J. B.1993. Insect pollination of crops (No. Ed. 2). Imprensa académica.

Galen, C., L. Storks, E. Carpenter, J. Dearborn, J. Guyton e S. Daniels. 2018. Mecanismos de polinização e relações entre plantas e polinizadores. *Mestre polinizadores steward*. **402**:1-13.

Gallai, N., J. M. Salles, J. Settele e B. E. Vaissière. 2009. Avaliação económica da vulnerabilidade da agricultura mundial confrontada com o declínio dos polinizadores. *Ecological economics*. **68** (3):810-821.

Gathmann, A. e T. Tscharntke. 2002. Foraging ranges of solitary bees. *Journal of animal ecology*.**71**(5):757-764.

Geoffrey, G. e E. Scudder. 2017. A Importância dos Insectos. Insect Biodiversity: *Science and Society*, Volume I, Segunda Edição, pp. 9-24.

Ghosh S. 2017. Mecanismos de polinização e adaptações em culturas florais e ornamentais. *Journal of Pharmacognosy & Phytochemistry*. **6**:662-665.

Gradish, A. E e V. D. J. Steen, C. D. Scott-Dupree, A. R. Cabrera, G. C. Cutler e D. Goulson. 2019. Comparação da exposição a pesticidas em abelhas melíferas (Hymenoptera: Apidae) e abelhas bumble (Hymenoptera: Apidae) implicações para avaliações de risco. *Environmental entomology.***48**(1):12-21.

Heath, A.C.G. 1982. Aspectos benéficos das moscas varejeiras (Diptera: Calliphoridae). *New Zealand Entomologist.* **7**: 343-348.

Heine, E. 1937. Observações sobre a polinização das plantas com flor da Nova Zelândia. *Trans. Proc. R. Soc. N. Z.* **67**: 133-148.

Hong, K. J., S. H. Lee, e K. M. Choi. 1989. The flower visiting insects on the blossoms of pear, peach and apple trees in Suweon. *Korean Journal Apiculture*, **4**(2): 16- 24.

Howpage, D., R. N. Spooner-Hart e Vithanage V. 2001. Influência da abelha melífera (*Apis mellifera*) na polinização do kiwi e na qualidade dos frutos em condições australianas. Nova Zelândia. *Journal of Crop and Horticultural Science*, **29**(1):51-59.

Hung, K.L.J., J. M. Kingston, M. Albrecht, D. A. Holway e J.R. Kohn J.R. 2018. A importância mundial das abelhas melíferas como polinizadores em habitats naturais. *Proceedings of the Royal Society B: Biological Sciences*, **285**(1870):1-8.

Huda, A. N., M. R. C. Salmah, A. A. Hassan, A. Hamdan e M. N. A. Razak.2015. Serviços de polinização de polinizadores de flores de manga. *Jornal da Ciência dos Insectos*, **15**, 113.

Ireland, S. e B. Turner. 2006. Os efeitos da aglomeração de larvas e do tipo de alimento no tamanho e desenvolvimento da mosca varejeira, *Calliphora vomitoria. Forensic Science International*, **159**:175-181.

Inouye, D.W. 2007.Pollinators, role of. *Encyclopedia of Biodiversity*, pp-1-9.

Inouye, D.W., B. M. Larson, A. Ssymank, P. G. Kevan. 2015. Moscas e flores III: Ecologia de forrageamento e polinização. *Journal Pollination Ecology*. **16**:115-133.

Jarlan, A., D. Oliveiha, e J. Gingras.1997. Efeitos da polinização por *Eristalis tenax* (Diptera: Syrphidae) nas características dos frutos de pimentão em estufa. *Journal Economic Entomology*. **90**:1650-1654.

Jarlan, A., D. Oliveiha, e J. Gingras.1997. Polinização por *Eristalis tenax* (Diptera: Syrphidae) e germinação de sementes de pimentão em estufa. *Journal Economic Entomology.***90**: 1646-1649.

Jauker, F.; Wolters, V. As moscas-das-rochas são polinizadores eficientes da colza. Oecologia 2008, 156, 819.

John.1915. The origin of anthophily among the coleoptera.**12**:68-73.

Kang, C. H., H. S. Huh e C. G. Park. 2003. Insectos visitantes das flores de dióspiro e a sua atividade diária. *Journal Agriculture & Life Sciences*, **37**: 1-4.

Kang, M. S., H, J., Kim, S. H., K. Y. Lee e E. S. Baik. 2009. Effects of pollinators on the fruit production of Korean black rasspberry (Efeitos dos polinizadores na produção de frutos da amora preta coreana). *Korean Journal Apiculture*,**24**: 153-158.

Keasar T. 2010. Large Carpenter Bees as Agricultural Pollinators (Abelhas carpinteiras grandes como polinizadores agrícolas). Psyche: A *Journal of Entomology*, **17**:1-7.

Khan, M. R. e Khan, M. R.2004. The role of honey bees *Apis mellifera* L. (Hymenoptera: Apidae) in pollination of apple. *Pakistan Journal of Biological Sciences*, 7(3):359-362.

Kim, D., H. S. Lee e C. Jung. 2009. Comparação das comunidades de himenópteros visitantes de flores de macieira, pereira, pessegueiro e diospireiro. *Korean Journal Apiculture*,**24**: 227-235.

Kim, G-T, D. P. Lyu e H. J. Kim. 2012. Características florais das flores de Asteraceae e dos insectos polinizadores na Coreia. *Jornal Coreano de Ecologia Ambiental*, **26**: 200-209.

Kim, G-T, D. P. Lyu e H. J. Kim. 2013. Características florais das flores de Labiatae e Umbelliferae e dos insectos polinizadores na Coreia. *Jornal Coreano de Ecologia Ambiental*, **27**: 22-29.

Kim, H-H. e C. Y. Hwang. 2009. Espécies e actividades diurnas dos insectos polinizadores em pomares de pessegueiros e pereiras em Jeonju. *Korean Journal Apiculture*,**24**: 75-81.

Kim, Y. S., S. B. Lee, Y. S. Jo, M. L. Lee, H. J. Yoon, M. Y. Lee e S. H. Nam. 2005. A comparação dos efeitos de polinização entre as abelhas melíferas (*Apis mellifera*) e o zangão (*Bombus terrestris*) no kiwi cultivado em estufa. *Jornal Coreano de Apicultura*, **20**: 47-52.

Kirk, W.D.J. (1987a). Effect of trap size and scent on catches of *Thrips imaginis* Bagnall (Thysanoptera: Thripidae). *Journal of Australian Entomological Society*, **26**(4):299-302.

Kirk, W.D.J. (1987b). How much pollen can thrips destroy - *Ecological entomology*, **12**:31-40.

Kirk, W.D.J. (1997). Feeding, em Thrips as crops pests. *Lewis T., CAB International, Oxon, Reino Unido,* 65-118.

Kjellberg, F., P. H. Gouyon, M. Ibrahim, M. Raymond e G. Valdeyron. 1987. The Stability of the smbiosis between dioecious figs and their pollinators, A study of *Ficus carica* L. and *Blastophaga psenes* L. *Evolution*, **41**(4):693-704. 32.

Ko, K. C., K. S. Woo, e W. C. Kim. 1977. Um estudo sobre as actividades dos insectos polinizadores que frequentam várias árvores de fruto perto da área de Seul. *Universidade Nacional de Seul, Faculdade de Agricultura.***2**: 407-421.

Koetz, A. H.2013. Ecologia, comportamento e controlo de *Apis cerana* com foco na relevância para a incursão australiana. *Insectos.* 4(4):558-592.

Knauer, A.C. e F. P. Schiestl. 2015. As abelhas usam sinais florais honestos como indicadores de recompensa ao visitar flores. *Ecological Letters,***18**: 135-143.

Kwon, H. J., Y. P. Kim, K. R. Choe e H. K. Song. 2011. Mecanismo de polinização de *Stewaria koreana* Nakai (Theaceae) na Coreia. *Korean Journal Apiculture.* **26**: 157- 161.

Lachance, M. A., W. T. Starmer, C. A. Rosa, J. M. Bowles, J. S. F. Barker e D. H. Janzen. 2001. Biogeografia das leveduras de flores efémeras e dos seus insectos. *FEMS Yeast Research.***1**: 1-8.

Larson, B. M. H., P. G. Kevan e D. W. Inouye. 2001. Flies and flowers: taxonomic diversity of anthophiles and pollinators (Moscas e flores: diversidade taxonómica de antófilos e polinizadores). *The Canadian Entomologist*, **133**: 439-465.

Latif, A., S. A. Malik, S. Saeed, N. Iqbal, Q. Saeed e K. A. Khan. 2019. Diversidade de polinizadores e seu papel na biologia da polinização do grão-de-bico, *Cicer arietinum* L. (Fabaceae). *Journal of Asia-Pacific Entomology.***22**(2):597-601.

Lee, H. S., S. W. Lee e H. K. Ryu. 2000. Os insectos que se alimentam em pomares de macieiras na província de Kyungpook. *Korean Journal Apiculture*,**15**: 9-20.

Lee, S. B., D. K. Seo, K. H. Choi, S. W. Lee, H. J. Yoon, H. C. Park e Y. D. Lee. 2008. Os insectos visitados nas flores de macieira e as características da atividade polinizadora dos polinizadores libertados para a polinização do pomar de macieira. *Korean Journal Apiculture*, **23**: 272-282.

Lee, S. B., D. K. Seo, Y. S. Kim, N. I. Gwak, H. J. Yoon, H. C. Park, e S. J. Hwang. 2007. Os insectos que visitam a flor da pera e as características da atividade polinizadora da abelha (*Apis mellifera* L.) e do zangão (*Bombus terrestris* L.) no pomar de pera. *Korean Journal Apiculture*, **22**: 125-132.

Liker J.K. 2004. Ecologia da polinização com especial referência aos insectos. *Journal of Research Science*,352.

Ivor, J. S, J. M. Cabral e L. Packer. 2014. Especialização em pólen por abelhas solitárias numa paisagem urbana. *Urban Ecosystems*,**17**(1):139-147.

Makino T.T. e Sakai S.2007. A experiência altera as respostas dos polinizadores ao tamanho da exposição floral: From size-based to reward-based foraging. *Functional Ecology*, **21**: 854-863.

Marja, R., E. Viik, M. Mand, J. Phillips, A. M. Klein e P. Batary. 2018. A rotação de culturas e os esquemas agro-ambientais determinam as comunidades de abelhas através de recursos florais. *Jornal de Ecologia Aplicada*, **55**(4):1714-1724.

Mathur, G. e H.Y. Mohan Ram. 1978. Significance of petal colour in thrips pollinated *Lantana camera* L., *Annals of Botany*,**42**, 1473-1476.

McCallum, K.P., F. O. McDougall e R. S. Seymour. 2013. A review of the energetics of pollination biology (Uma revisão da energética da biologia da polinização). *Journal of Comparative Physiology*, **183**: 867-876.

Michener, C. D. 2011. O comportamento social das abelhas: um estudo comparativo Harvard University Press, 1974.

Ollerton J, Winfree R, Tarrant S. How many flowering plants are pollinated by animals (Quantas plantas com flor são polinizadas por animais). *Oikos*. **120**(3):321-326.

Moog, U., B. Fiala, W. Feerle e U. maschwitz. 2002 . Polinização por tripes da planta dióica *Macaranga hullettii* (Euphorbiaceae) no Sudeste Asiático. *American Journal of Botany*, **89**: 50-59.

Noort, S. V. 2004. Como é que as figueiras são polinizadas. *Veld e Flora*, pp-13-15.

Ono, E. R., A. Valentin-silva e E. Guimar. 2020. Distribuição espacial e temporal dos recursos florais utilizados por polinizadores em uma floresta estacional semidecidual. *International Journal of Plant Reproductive Biology*,**12**: 11-24.

Orford, K.A., I. P. Vaughan e J. Memmott. 2015. As moscas esquecidas: A importância dos Diptera não-sirfídeos como polinizadores. *Procedimentos da Royal Society B Biology Science*, **282**:2014-2934.

Pannure, A. 2016. Declínio dos polinizadores de abelhas: Perspectivas da investigação internacional na Índia. *Jornal de Ciências Naturais e Aplicadas*.**3**(5):2349-4077.

Potts, S. G., J. C. Biesmeijer, C. Kremen, P. Neu,amm, O. Scjweiger e W. E. Kunin. 2010. Global pollinator declines: trends, impacts and drivers. *Trends in Ecology Evolution,* **25**: 345-353.

Primante, C. 2015. O papel dos traços florais na estruturação das interacções planta-polinizador.

Proctor, M., P. Yeo e A. Lack. 1996. The natural history of pollination. Harper Collins Publishers, 479.

Rader, R., W. Edwards, D, A. Westcott, S. A. Cunningham e B. G. Howlett. 2013. Diurnal effectiveness of pollination by bees and flies in agricultural *Brassica rapa*: Implications for ecosystem resilience (Eficácia diurna da polinização por abelhas e moscas na *Brassica rapa* agrícola: Implicações para a resiliência do ecossistema). *Ecologia Básica e Aplicada*, **14**:20-27.

Raguso, R.A. 2020. Don't forget the flies:Dipteran diversity and its consequences for floral ecology and evolution. *Entomologia e Zoologia Aplicadas*, **55**:1-7

Raju, A. S, S. P. Rao e P. K. Kumari. 2003. The role of *Apis florea* in the pollination of some plant species in Andhra Pradesh, India. *Korean Journal of Apiculture*,**18**(1):37-42.

Raju, A. S. e C. S. Reddi. 2000. Foraging behaviour of carpenter bees (genus Xylocopa: Xylocopidae: Hymenoptera) and the pollination of some Indian plants. *Journal-Bombay Natural History Society*.**97**(3):381-389.

Reilly, J. R, D. R. Artz, D. Biddinger, K. Bobiwash, N. K. Boyle e C. Brittain. 2020. A produção agrícola nos EUA é frequentemente limitada pela falta de polinizadores. *Proceedings of the Royal Society B*, **287**:1-8.

Roubik, D. W. 1995. Pollination of cultivated plants in the tropics (Polinização de plantas cultivadas nos trópicos). Organização das Nações Unidas para a Alimentação e a Agricultura.**118**:207.

Reddy, E. B.1989. Polinização por tripes em Sapodilla (*Manilkara zapota*). Proc. da *Academia Nacional de Ciências da Índia* **55**(5):407-410.

Renner, S.S. 2021. Evolução: Como as flores mudam do néctar para o óleo como recompensa do polinizador. *Current Biology*, **31**:18-20.

Sadeh, A., A. Shmida e T. Keasar. 2007. A abelha carpinteira *Xylocopa pubescens* como polinizador agrícola em estufas. *Apidologie*, **38**(6):508-517.

Saeed, S., M. N. Naqqash, W. Jaleel, Q. Saeed, Q e F. Ghouri. 2016. O efeito das moscas varejeiras (Diptera: Calliphoridae) no tamanho e peso das mangas (*Mangifera indica* L.). *Peer* Journal. **21**:11-12.

Shuttleworth, A., S. e D. Johnson. 2009. A importância dos filtros de cheiro e néctar num sistema especializado de polinização por vespas. *Functional Ecology*. **23**(5):931-940.

Sihag, R. C. 2014. Fenologia da migração e declínio no número de colônias e hospedeiros de culturas da abelha gigante (*Apis dorsata* F.) no ambiente semiárido do noroeste da Índia. *Jornal de Insectos*.**10**:1-9.

Smith N, Deal R, Kline J, Blahna D, Patterson T, Spies TA, et al. Ecosystem services as a framework for forest stewardship: Deschutes National Forest overview. Gen. Tech. Rep. PNW-GTR-852. Portland, OR: Departamento de Agricultura dos EUA, Serviço Florestal, Estação de Investigação do Noroeste do Pacífico, 2011, 46.

Ssymank, A., C. A. Kearns, T. Pape e F. C. Thompson. 2008. Moscas polinizadoras (Diptera): A major contribution to plant diversity and agricultural production. *Biodiversity*, **9**:86-89.

Stavert, J.R., G. Linan-Cembrano, J. R. Beggs, B. G. Howlett, D. Pattemore e I. Bartomeus, 2016. Pelosidade: O elo perdido entre polinizadores e polinização. *PeerJournal* **4**.

Stephen, S., D. R Peterson. 2014. Produção de abelhas solitárias para polinização nos Estados Unidos: Na produção em massa de organismos benéficos, 653-681.

Sung, I.H., M.Y. Lin, C.H. Chang, A.S. Cheng, W.S. Chen e K. K. Ho. 2006. Polinizadores e seus comportamentos em flores de manga no sul de Taiwan. *Formoson Entomol*, **26**:161-170.

Taiz, L., E. Zeiger, I. M. Moller e A. Murphy. 2015. Fisiologia e desenvolvimento de plantas (No. Ed. 6). Sinauer Associates Incorporated.

Vaissiere, B. E, B. M. Freitas e B. Gemmill-Herren. 1996. Protocolo para Detetar e Avaliar Défices de Polinização em Culturas: A Handbook for its Use. FAO, Roma.

Varatharajan, R., K. Gopinathan e T.N. Ananthakrishnan. 1984. Comparatives efficiency of thrips in relation to other foraging insects in pollination of *Cosmos bipinnatus* Cav. (Compositae). Procedimentos da Academia Nacional de Ciências da Índia, **6**: 735-739.

Verma, L. R. e U. Partap. 1994. Foraging behaviour of *Apis cerana* on cauliflower and cabbage and its impact on seed production. *Journal of Apicultural research*. **33**(4):231-236.

Wahengbam, J. M. Raut, P. Satinder e A. N. Banu. 2019. Papel da abelha na polinização. *Anais de Biologia*. **35**(2):290-295.

Weiblen, G. D. 2002. Como ser uma vespa da figueira. *Revisão anual de entomologia.***47**(1):299-330.

Wester, P. e K. Lunau. 2017. Comunicação planta-polinizador. *Avanços na Pesquisa Botânica*, **82**: 225-257.

Willcox, B.K. B. G. Howlett, A. J. Robson, B. Cutting, L. Evans, L. Jesson, L. Kirkland, M. Meyzonnier, V. Potdevin e M. E. Saunders. 2019. Avaliando os táxons que fornecem serviços de polinização compartilhados em várias culturas e regiões. *Relatório Científico*, **9**:135-138.

Woo, K. S., H. Y. Choo, e K. R. Choi. 1986a. Estudos sobre a ecologia e a utilização de insectos polinizadores. *Jornal Coreano de Apicultura*, **1**: 54-61.

Woo, K. S., H. Y. Choo, e K. R. Choi. 1986b. Estudos sobre a ecologia e a utilização de insectos polinizadores (II). *Jornal Coreano de Apicultura*, **1**: 119-125.

Woodcock, T.S. 2014. Moscas e flores II: Atrativos e recompensas florais. *Journal of Pollination Ecology*, 2014. **12**: 63-94.

Woodcock, B. A., M. Edwards, J. Redhead, W. R. Meek, P. Nuttall e S. Falk. 2013. Visitação de flores de culturas por abelhas melíferas, abelhões e abelhas solitárias: Diferenças comportamentais e respostas da diversidade à paisagem. *Agriculture, Ecosystems & Environment*.**171**:1-8.

yes

I want morebooks!

Buy your books fast and straightforward online - at one of world's fastest growing online book stores! Environmentally sound due to Print-on-Demand technologies.

Buy your books online at
www.morebooks.shop

Compre os seus livros mais rápido e diretamente na internet, em uma das livrarias on-line com o maior crescimento no mundo! Produção que protege o meio ambiente através das tecnologias de impressão sob demanda.

Compre os seus livros on-line em
www.morebooks.shop

Printed by Books on Demand GmbH, Norderstedt / Germany